MATLAB 科研绘图
与学术图表绘制
从入门到精通

关东升 著

**MATLAB Scientific
Research Drawing
and Academic Chart Drawing**
from Entry to Proficiency

北京大学出版社
PEKING UNIVERSITY PRESS

内容提要

本书是一本全面指导读者掌握MATLAB数据可视化的实用指南。全书精心编排了13章内容，旨在帮助读者了解和掌握MATLAB的数据分析和可视化功能。

具体而言：第1章为MATLAB基础；第2章为数据结构；第3章为程序流程控制；第4章为函数；第5章为数据导入与准备；第6章为科技绘图基础；第7章为单变量图形绘制；第8章为双变量图形绘制；第9章为多变量图形绘制；第10章为极坐标相关图形绘制；第11章为3D图形绘制；第12章为地理信息可视化；第13章为数据学术报告、论文和出版。最后还有两个附录：附录1为MATLAB常用函数和工具箱的快速参考指南；附录2为科研论文配图的绘制与配色。

本书从MATLAB的基础知识讲到高级数据可视化技巧，将帮助读者全面掌握科研绘图和学术图表的制作。本书不仅适合新手，也适用于有一定经验的MATLAB用户，是一本高效实用的学习工具书。

图书在版编目(CIP)数据

MATLAB科研绘图与学术图表绘制从入门到精通 / 关东升编著. — 北京：北京大学出版社，2024.4
ISBN 978-7-301-34882-6

Ⅰ. ①M… Ⅱ. ①关… Ⅲ. ①Matlab软件 – 应用 – 科学研究工作 Ⅳ. ①G31-39

中国国家版本馆CIP数据核字（2024）第046567号

书　　　名	MATLAB科研绘图与学术图表绘制从入门到精通 MATLAB KEYAN HUITU YU XUESHU TUBIAO HUIZHI CONG RUMEN DAO JINGTONG
著作责任者	关东升　著
责任编辑	王继伟　吴秀川
标准书号	ISBN 978-7-301-34882-6
出版发行	北京大学出版社
地　　　址	北京市海淀区成府路205号　100871
网　　　址	http://www.pup.cn　　新浪微博：@ 北京大学出版社
电子邮箱	编辑部 pup7@pup.cn　总编室 zpup@pup.cn
电　　　话	邮购部 010-62752015　发行部 010-62750672　编辑部 010-62570390
印　刷　者	北京宏伟双华印刷有限公司
经　销　者	新华书店
	787毫米×1092毫米　16开本　15.5印张　373千字 2024年4月第1版　2024年4月第1次印刷
印　　　数	1–4000册
定　　　价	99.00元

未经许可，不得以任何方式复制或抄袭本书之部分或全部内容。
版权所有，侵权必究
举报电话：010-62752024　电子邮箱：fd@pup.cn
图书如有印装质量问题，请与出版部联系，电话：010-62756370

前言

数据在当今的科学研究和学术领域中起着关键作用。MATLAB作为一个功能强大的科学计算和数据可视化工具，可以为研究人员提供丰富的功能，帮助他们更好地理解和传达数据。本书的目标是教会读者充分利用MATLAB，从基础到高级，掌握数据处理和绘图的技能。

本书的亮点

- **内容系统完备**：本书按照逻辑顺序，从MATLAB的环境设置和基础语法开始，引导读者逐步深入学习。很多章都包含清晰的示例，每一章最后都有相应的总结，以巩固所学内容。
- **丰富的图示和示例**：读者可以学习如何使用MATLAB创建各种类型的科研图表，包括直方图、箱线图、散点图、气泡图、极坐标图、3D图形等。这些图表将有助于读者更好地可视化呈现研究数据。
- **详解数据处理和分析**：本书不仅涵盖绘图，还介绍了如何处理和分析数据。读者将了解如何导入数据，进行基本的数据操作，以及如何准备数据以供绘图使用。
- **介绍学术报告和出版**：本书将为读者展示如何根据不同的出版要求和期刊准则来创建高质量的图表。
- **实践性强**：全书展示了丰富的示例，以协助读者巩固所学知识并在实际工作中灵活运用这些技能。

谁需要这本？

这本书适合以下类型的读者：

- 学术界的研究人员和教育工作者；
- 硕士和博士研究生；
- 科研机构和实验室的科学家；
- 工程师和技术人员；
- 数据分析师和数据科学家；
- 政府部门的政策制定者；
- 企业领域的专业人员。

配套资源及服务

本书附赠全书案例源代码及相关软件工具等资源，读者可扫描下方左侧二维码关注"博雅读书社"微信公众号，输入本书 77 页的资源下载码，即可获得本书的下载学习资源。

本书提供答疑服务，可扫描下方右侧二维码留言"北大科技绘图"，即可进入学习交流群。

感谢

首先要感谢北京大学出版社的编辑团队，是你们的辛勤劳动使这本书得以最终面世。也要感谢为本书设计封面、插图和版式的设计师，你们的创意和用心让这本书的视觉效果更出众。同时要感谢技术支持团队在书稿的处理中的贡献。

特别要感谢所有参与本书内容编写和知识分享的 MATLAB 社区成员。你们丰富的经验和技能，使本书的内容更加实用和优质。没有你们的无私奉献，这本书就不会有今天的成果。

最后，衷心祝愿每一位读者在学习和使用本书中的知识后，能够在科研工作尤其是数据分析和学术绘图方面取得进步和成果。希望本书可以成为您分析科研数据和提高学术图表质量的有效工具。

关东升

目录

第 1 章　MATLAB 基础　　1

- 1.1　MATLAB 简介 ······ 1
  - 1.1.1　MATLAB 语言历史 ······ 1
  - 1.1.2　MATLAB 语言特点 ······ 2
  - 1.1.3　如何获得帮助 ······ 2
- 1.2　MATLAB 环境搭建 ······ 2
  - 1.2.1　安装 MATLAB ······ 3
  - 1.2.2　MATLAB 桌面 ······ 3
  - 1.2.3　设置 MATLAB 默认文件夹 ······ 5
- 1.3　编写第一个 MATLAB 程序 ······ 5
  - 1.3.1　交互式方式运行 ······ 5
  - 1.3.2　脚本文件方式运行 ······ 6
  - 1.3.3　代码解释 ······ 8
- 1.4　MATLAB 语法基础 ······ 8
  - 1.4.1　标识符 ······ 8
  - 1.4.2　关键字 ······ 9
  - 1.4.3　注释 ······ 9
  - 1.4.4　分节符 ······ 10
  - 1.4.5　变量 ······ 10
  - 1.4.6　续行符 ······ 11
- 1.5　数据类型 ······ 12
  - 1.5.1　双精度浮点数 ······ 12
  - 1.5.2　整数 ······ 12
  - 1.5.3　字符 ······ 13
  - 1.5.4　逻辑 ······ 13
  - 1.5.5　复数 ······ 13
- 1.6　运算符 ······ 14
  - 1.6.1　算术运算符 ······ 14
  - 1.6.2　关系运算符 ······ 16
  - 1.6.3　逻辑运算符 ······ 17
- 1.7　本章总结 ······ 18

第 2 章　数据结构　　19

- 2.1　数组 ······ 19
  - 2.1.1　向量 ······ 19
  - 2.1.2　矩阵 ······ 21
  - 2.1.3　多维数组 ······ 23
- 2.2　元胞数组 ······ 24
  - 2.2.1　创建元胞数组 ······ 24
  - 2.2.2　访问元胞数组 ······ 25
- 2.3　字符串 ······ 25
  - 2.3.1　创建字符串 ······ 26
  - 2.3.2　字符串操作 ······ 26
- 2.4　结构体 ······ 28
  - 2.4.1　创建结构体 ······ 28
  - 2.4.2　访问结构体字段 ······ 29
  - 2.4.3　结构体数组 ······ 29
- 2.5　表 ······ 29
  - 2.5.1　创建表 ······ 30
  - 2.5.2　访问表数据 ······ 30
- 2.6　本章总结 ······ 31

第 3 章　程序流程控制　　32

- 3.1　条件语句 …………………………………… 32
  - 3.1.1　if 语句 …………………………………… 32
  - 3.1.2　switch 语句 ……………………………… 35
- 3.2　循环语句 …………………………………… 36
  - 3.2.1　for 循环 ………………………………… 36
  - 3.2.2　while 循环 ……………………………… 36
- 3.3　跳转语句 …………………………………… 37
  - 3.3.1　break 语句 ……………………………… 37
  - 3.3.2　continue 语句 …………………………… 37
- 3.4　本章总结 …………………………………… 38

第 4 章　函数　　39

- 4.1　定义函数 …………………………………… 39
  - 4.1.1　创建新函数文件 ………………………… 39
  - 4.1.2　编写函数头 ……………………………… 40
  - 4.1.3　编写函数体和返回结果 ………………… 40
  - 4.1.4　保存文件 ………………………………… 41
  - 4.1.5　调用函数 ………………………………… 41
- 4.2　变量作用域 ………………………………… 43
  - 4.2.1　局部变量 ………………………………… 43
  - 4.2.2　全局变量 ………………………………… 44
- 4.3　嵌套函数 …………………………………… 45
- 4.4　函数句柄 …………………………………… 46
  - 4.4.1　普通函数句柄 …………………………… 47
  - 4.4.2　匿名函数句柄 …………………………… 47
- 4.5　本章总结 …………………………………… 48

第 5 章　数据导入与准备　　49

- 5.1　数据导入方法 ……………………………… 49
  - 5.1.1　从 CSV 文件导入数据 …………………… 49
  - 5.1.2　示例：读取 mtcars.csv …………………… 51
- 5.2　从 Excel 文件导入数据 …………………… 54
  - 示例：从 Excel 文件读取全国总人口 20 年数据 …………………………………………… 55
- 5.3　从数据库导入数据 ………………………… 57
  - 5.3.1　建立数据库连接 ………………………… 57
  - 5.3.2　执行查询 ………………………………… 57
  - 5.3.3　关闭数据库连接 ………………………… 58
  - 5.3.4　示例：从 SQLite 数据库读取苹果股票数据 …………………………………………… 58
- 5.4　从其他数据格式文件导入数据 …………… 59
  - 5.4.1　读取 JSON 数据 ………………………… 59
  - 5.4.2　读取 XML 数据 ………………………… 62
  - 5.4.3　读写 mat 数据 …………………………… 64
- 5.5　使用 MATLAB 数据集 …………………… 65
  - 5.5.1　MATLAB 内置数据集 …………………… 65
  - 5.5.2　统计与机器学习工具箱数据集 ………… 66
- 5.6　本章总结 …………………………………… 67

第 6 章　科技绘图基础　　68

- 6.1　MATLAB 基本绘图概念 …………… 68
- 6.2　MATLAB 绘图过程 ………………… 69

6.2.1	创建图形窗口	69	6.2.7	保存图形 74
6.2.2	绘制数据	70	**6.3**	**子图和多图形** **75**
6.2.3	添加标题和标签	71	6.3.1	创建子图 76
6.2.4	添加图例	71	6.3.2	创建多图形 77
6.2.5	颜色映射	72	**6.4**	**本章总结** **78**
6.2.6	显示网格线	73		

第7章 单变量图形绘制 79

7.1	**直方图**	**79**	**7.4**	**小提琴图** **89**
7.1.1	绘制直方图	79	7.4.1	小提琴图与密度图比较 89
7.1.2	示例：绘制空气温度分布直方图	80	7.4.2	绘制小提琴图 89
7.2	**箱线图**	**82**	7.4.3	示例：绘制山鸢尾萼片长度和萼片宽度的小提琴图 93
7.2.1	绘制箱线图	83	**7.5**	**饼图** **94**
7.2.2	示例：绘制婴儿出生数据箱线图	84	7.5.1	创建饼图 94
7.3	**密度图**	**85**	7.5.2	示例：绘制婴儿性别比例饼图 94
7.3.1	创建密度图	86	**7.6**	**本章总结** **96**
7.3.2	示例：绘制德国可再生能源发电量密度图	86		

第8章 双变量图形绘制 97

8.1	**散点图**	**97**	8.3.1	绘制面积图 110
8.1.1	绘制散点图	98	8.3.2	示例：绘制婴儿出生数据面积图 112
8.1.2	示例：绘制汽车燃油效率与马力散点图	99	**8.4**	**柱状图** **113**
8.1.3	分类散点图	100	8.4.1	绘制柱状图 113
8.1.4	示例：绘制汽车燃油效率与马力分类散点图	102	8.4.2	示例：绘制不同汽车型号的燃油效率柱状图 114
8.2	**折线图**	**103**	**8.5**	**条形图** **116**
8.2.1	绘制折线图	104	8.5.1	条形图与柱状图的区别 116
8.2.2	示例：绘制婴儿出生数据折线图	105	8.5.2	绘制条形图 117
8.2.3	分类折线图	107	8.5.3	示例：绘制不同汽车型号的燃油效率条形图 117
8.2.4	示例：绘制性别分类折线图	108	**8.6**	**热力图** **119**
8.3	**面积图**	**110**	8.6.1	绘制热力图 120

8.6.2	示例：绘制汽车性能相关性热力图……120	8.8	**阶梯图** ……………………………………125
8.7	**针状图** …………………………………122	8.8.1	绘制阶梯图 ……………………………126
8.7.1	绘制针状图 ……………………………123	8.8.2	示例：绘制太阳黑子区域面积随时间的变化阶梯图 ……………………………126
8.7.2	示例：绘制太阳黑子区域面积随时间的变化针状图 ……………………………123	8.9	**本章总结** ………………………………127

第 9 章　多变量图形绘制　　128

9.1	**气泡图** …………………………………128	9.4.1	绘制堆积柱状图 ………………………141
9.1.1	气泡图与散点图的区别 ………………129	9.4.2	示例：绘制全国总人口20年数据堆积柱状图 …………………………………143
9.1.2	绘制气泡图 ……………………………130		
9.1.3	示例：绘制空气质量气泡图 …………131	9.5	**平行坐标图** ……………………………145
9.2	**堆积折线图** ……………………………132	9.5.1	绘制平行坐标图 ………………………145
9.2.1	绘制堆积折线图 ………………………133	9.5.2	示例：绘制空气质量数据平行坐标图 …………………………………147
9.2.2	示例：绘制苹果公司股票OHLC堆积折线图 …………………………………135	9.6	**散点图矩阵** ……………………………149
9.3	**堆积面积图** ……………………………137	9.6.1	绘制散点图矩阵 ………………………150
9.3.1	绘制堆积面积图 ………………………138	9.6.2	示例：汽车性能数据散点图矩阵分析 …………………………………151
9.3.2	示例：绘制苹果公司股票OHLC堆积面积图 …………………………………139	9.7	**本章总结** ………………………………152
9.4	**堆积柱状图** ……………………………141		

第 10 章　极坐标相关图形绘制　　153

10.1	**极坐标图** ………………………………153	10.4.2	示例：绘制太阳黑子区域分布极坐标柱状图 …………………………………164
10.1.1	绘制极坐标图 …………………………154		
10.1.2	示例：绘制西雅图塔科马国际机场风向和风速分布极坐标图 …………………155	10.5	**极坐标散点图** …………………………165
		10.5.1	绘制极坐标散点图 ……………………165
10.2	**雷达图** …………………………………157	10.5.2	示例：绘制太阳黑子区域分布极坐标散点图 …………………………………166
10.2.1	绘制雷达图 ……………………………157		
10.2.2	示例：绘制问卷调查结果雷达图……159	10.6	**极坐标轨迹图** …………………………167
10.3	**玫瑰图** …………………………………161	10.6.1	绘制极坐标轨迹图 ……………………167
10.3.1	绘制玫瑰图 ……………………………161	10.6.2	示例：绘制太阳黑子区域分布极坐标轨迹图 …………………………………168
10.3.2	示例：绘制太阳黑子面积玫瑰图……162		
10.4	**极坐标柱状图** …………………………163	10.7	**本章总结** ………………………………169
10.4.1	绘制极坐标柱状图 ……………………163		

第 11 章　3D 图形绘制　　170

- 11.1　利用 MATLAB 绘制 3D 图形概述 ·············· 170
- 11.2　3D 散点图 ·············· 170
  - 11.2.1　绘制 3D 散点图 ·············· 171
  - 11.2.2　示例：绘制玻璃属性 3D 散点图 ····· 173
- 11.3　3D 线图 ·············· 175
  - 11.3.1　绘制 3D 线图 ·············· 175
  - 11.3.2　示例：绘制德国每日风能和太阳能产量 3D 线图 ·············· 176
- 11.4　3D 曲面图 ·············· 178
  - 11.4.1　绘制 3D 曲面图 ·············· 178
  - 11.4.2　示例：绘制伊甸火山 3D 曲面图 ····· 180
  - 11.4.3　3D 网格曲面图 ·············· 181
  - 11.4.4　示例：绘制伊甸火山 3D 网格曲面图 ·············· 182
- 11.5　3D 柱状图 ·············· 183
  - 11.5.1　绘制 3D 柱状图 ·············· 184
  - 11.5.2　示例：绘制西雅图塔科马国际机场气象数据 3D 柱状图 ·············· 184
- 11.6　3D 条形图 ·············· 186
  - 绘制 3D 条形图 ·············· 186
- 11.7　3D 饼图 ·············· 187
  - 11.7.1　绘制 3D 饼图 ·············· 187
  - 11.7.2　示例：绘制婴儿性别比例 3D 饼图 ·············· 188
- 11.8　3D 气泡图 ·············· 189
  - 11.8.1　绘制 3D 气泡图 ·············· 190
  - 11.8.2　示例：绘制不同汽车型号性能 3D 气泡图 ·············· 192
- 11.9　本章总结 ·············· 194

第 12 章　地理信息可视化　　195

- 12.1　地理散点图 ·············· 195
  - 12.1.1　绘制地理散点图 ·············· 195
  - 12.1.2　绘制加利福尼亚州各城市地理散点图 ·············· 197
- 12.2　地理密度图 ·············· 198
  - 12.2.1　绘制地理密度图 ·············· 199
  - 12.2.2　示例：绘制加利福尼亚州城市人口地理密度图 ·············· 200
- 12.3　地理线图 ·············· 201
- 12.4　地理气泡图 ·············· 202
  - 12.4.1　绘制地理气泡图 ·············· 203
  - 12.4.2　示例：绘制加利福尼亚州城市人口地理密度气泡图 ·············· 204
- 12.5　等高线图 ·············· 205
  - 12.5.1　绘制等高线图 ·············· 205
  - 12.5.2　示例：绘制伊甸火山地形图的等高线图 ·············· 206
- 12.6　本章总结 ·············· 207

第 13 章　数据学术报告、论文和出版　　208

- 13.1　实时编辑脚本与学术报告 ······ 208
  - 13.1.1　实时编辑脚本介绍 ·············· 208
  - 13.1.2　创建实时脚本 ·············· 209
  - 13.1.3　编写代码块 ·············· 210
  - 13.1.4　插入其他元素 ·············· 212
  - 13.1.5　输出报告 ·············· 212

13.2 使用 ChatGPT 工具辅助制作报告ㆍㆍㆍㆍㆍㆍㆍㆍㆍㆍㆍㆍㆍㆍㆍ 214

- 13.2.1 思维导图在数据学术报告中的作用ㆍㆍㆍㆍㆍㆍㆍㆍㆍㆍㆍㆍㆍㆍㆍㆍㆍㆍㆍ 214
- 13.2.2 绘制思维导图ㆍㆍㆍㆍㆍㆍㆍㆍㆍㆍㆍㆍㆍㆍㆍ 215
- 13.2.3 使用 ChatGPT 绘制思维导图ㆍㆍㆍㆍㆍ 215
- 13.2.4 示例:使用 Markdown 绘制"基于机器学习的信用评分模型研究"思维导图ㆍㆍㆍㆍㆍㆍㆍㆍㆍㆍㆍㆍㆍㆍㆍㆍㆍㆍㆍㆍㆍㆍㆍㆍㆍㆍ 216
- 13.2.5 示例:使用 PlantUML 绘制"基于机器学习的信用评分模型研究"思维导图ㆍㆍㆍㆍㆍㆍㆍㆍㆍㆍㆍㆍㆍㆍㆍㆍㆍㆍㆍㆍㆍㆍㆍㆍㆍㆍ 219
- 13.2.6 使用 ChatGPT 制作电子表格ㆍㆍㆍ 222
- 13.2.7 示例:制作模型评估指标比较 Markdown 表格ㆍㆍㆍㆍㆍㆍㆍㆍㆍㆍㆍㆍㆍㆍㆍ 223
- 13.2.8 示例:制作模型评估指标比较 CSV 表格ㆍㆍㆍㆍㆍㆍㆍㆍㆍㆍㆍㆍㆍㆍㆍㆍㆍㆍㆍㆍㆍ 224

13.3 本章总结ㆍㆍㆍㆍㆍㆍㆍㆍㆍㆍㆍㆍㆍㆍㆍㆍㆍㆍㆍㆍㆍㆍㆍㆍㆍㆍ 225

附录 1 MATLAB 常用函数和工具箱的快速参考指南　226

- 附录 1.1 MATLAB 常用函数ㆍㆍㆍㆍㆍㆍㆍㆍㆍㆍ 226
- 附录 1.2 MATLAB 常用工具箱ㆍㆍㆍㆍㆍㆍㆍㆍㆍ 229

附录 2 科研论文配图的绘制与配色　231

- 附录 2.1 选择合适的图表类型ㆍㆍㆍㆍㆍㆍㆍㆍㆍ 231
- 附录 2.2 善于把握色彩ㆍㆍㆍㆍㆍㆍㆍㆍㆍㆍㆍㆍㆍㆍㆍ 233
- 附录 2.3 字体和字号ㆍㆍㆍㆍㆍㆍㆍㆍㆍㆍㆍㆍㆍㆍㆍㆍㆍ 236
- 附录 2.4 标注清晰ㆍㆍㆍㆍㆍㆍㆍㆍㆍㆍㆍㆍㆍㆍㆍㆍㆍㆍㆍ 237
- 附录 2.5 确保分辨率ㆍㆍㆍㆍㆍㆍㆍㆍㆍㆍㆍㆍㆍㆍㆍㆍㆍ 237
- 附录 2.6 风格一致ㆍㆍㆍㆍㆍㆍㆍㆍㆍㆍㆍㆍㆍㆍㆍㆍㆍㆍㆍ 238

第1章 MATLAB基础

本章我们将一同探索MATLAB的基本概念和环境搭建,这将成为MATLAB之旅的起点。不管是新手还是经验丰富的用户,都将从本章获得关于MATLAB的重要知识。我们将从MATLAB的背景和特点开始,了解如何获取帮助,然后进一步探索MATLAB的环境和基本语法。最终,我们将具备编写MATLAB程序的基本技能,开始MATLAB之旅。

1.1 MATLAB简介

MATLAB(Matrix Laboratory)是一款由MathWorks公司开发的用于数值计算和可视化的高级技术计算语言与交互式环境。

1.1.1 MATLAB语言历史

MATLAB语言的历史可以追溯到20世纪70年代。

1970年,美国新墨西哥大学的Cleve Moler博士开发了第一个MATLAB的原型版本,取名为MATLAB(Matrix Laboratory)。这款软件最初设计用于让他的学生更方便地使用LINPACK和EISPACK这两个Fortran语言库。

1973年,Jack Little又为Moler编写了第一个商业版本的MATLAB。

1984年,MathWorks公司由Jack Little和Steve Bangert成立,并在同年收购了MATLAB的商业发布权。

1987年,MathWorks发布了MATLAB的第一个全面商业版本MATLAB 3.0。此后MATLAB不断升级,新增功能和工具箱。

1990年,MathWorks推出SIMULINK视觉建模工具。

1992年,MATLAB 4.0发布,支持面向对象编程。

2000年,MATLAB 6.0发布,改进了阵列和矩阵操作,并支持矢量化。

2004年,MATLAB 7.0发布,新增并行计算功能。

从最初一个简单的矩阵运算软件,发展到现在功能强大的交互式环境,MATLAB经历了超过40年的发展历史。它目前在学术和商业界都有非常广泛的应用。

1.1.2 MATLAB语言特点

MATLAB具有以下语言特点。

（1）MATLAB是一种解释执行的语言，允许用户逐步执行命令并立即查看结果。这使其非常适合交互式使用和探索性编程。

（2）MATLAB拥有大量内置的数学、统计、工程等方面的函数和工具箱，极大地简化了技术计算任务。它还支持自定义函数的开发。

（3）MATLAB支持多种数值计算的数据类型，包括多维数组、稀疏矩阵等，并提供多种矩阵运算函数。这使其在矩阵计算方面功能强大。

（4）MATLAB提供丰富的2D和3D可视化功能，可以方便地绘制各种图形并进行图像处理。

（5）MATLAB可以调用外部的C/C++和Fortran代码，扩展其功能。

（6）MATLAB可以生成可移植的C/C++和.NET代码，将开发的算法及应用部署到其他环境。

（7）MATLAB支持面向对象的编程，可以使用类、封装、继承等概念进行模块化编程。

（8）MATLAB具有丰富的工具包，可用于信号处理、控制系统、优化、机器学习等领域。

（9）MATLAB可以进行并行计算，利用多核CPU提高计算速度。

总体来说，MATLAB是一个功能强大且易用的科学计算平台和可视化软件，在工程、科学研究等领域都有着广泛的应用。它是一个非常值得学习的科学计算平台。

1.1.3 如何获得帮助

要获得MATLAB的帮助，有以下几种途径可供选择。

（1）MATLAB文档：MATLAB提供详细的在线文档和帮助资源，包括函数文档、示例代码和教程。

（2）MATLAB社区：MATLAB拥有一个活跃的用户社区，用户可以在MATLAB社区论坛上提出问题、交流经验，以及寻找解决方案。

（3）官方支持：MathWorks是MATLAB的开发公司，他们提供官方支持服务，包括技术支持和培训课程。用户可以访问MathWorks的官方网站以获取更多信息。

（4）在线教育资源：有许多在线教育资源和教程可供学习MATLAB的初学者和进阶用户使用，包括视频教程和在线课程。

MATLAB是一个功能强大且广泛应用的工具，适用于解决各种复杂的数学和工程问题，以及进行数据分析和可视化。

1.2 MATLAB环境搭建

在使用MATLAB进行数据分析和编程之前，我们需要先搭建MATLAB的开发环境。

1.2.1 安装MATLAB

搭建MATLAB主要有以下几个步骤。

❶ 硬件需求

运行MATLAB的最低硬件需求如下。

- 处理器：双核或更多核的处理器，建议使用64位处理器以提高性能。
- 内存（RAM）：至少4GB RAM。更多的RAM将允许用户处理更大的数据集和复杂的计算。
- 硬盘空间：MATLAB本身需要5GB~10GB的硬盘空间来安装，但建议保留更多的空间以存储数据和项目文件。
- 操作系统：MATLAB支持Windows、macOS和Linux操作系统，因此用户可以根据自己的操作系统进行选择。

❷ 软件许可

使用MATLAB需要购买MathWorks提供的软件许可证。许可类型包括个人版、学生版、教学版、商业版等。

❸ 软件下载

从MathWorks官网下载对应的MATLAB安装文件，典型文件名如matlabR2023b.exe。

❹ 软件安装

运行下载的安装文件，根据提示完成安装。可以选择典型安装或自定义安装。

❺ 激活许可证

使用许可证安装文件激活MATLAB，激活后需要使用MathWorks账号登录。

按照上述步骤，就可以顺利在计算机上安装好MATLAB，进行相关的科学计算和可视化工作。安装成功后启动MATLAB，可见如图1-1所示的MATLAB桌面。

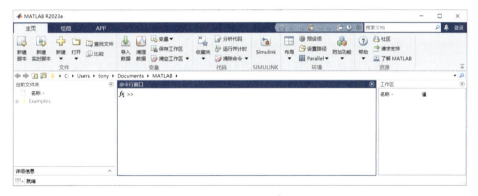

图1-1　MATLAB桌面

1.2.2 MATLAB桌面

MATLAB是一个比较复杂的工具，本小节我们先介绍一下MATLAB桌面，以便于我们后续的讲述。

MATLAB 桌面主要布局如图 1-2 所示。

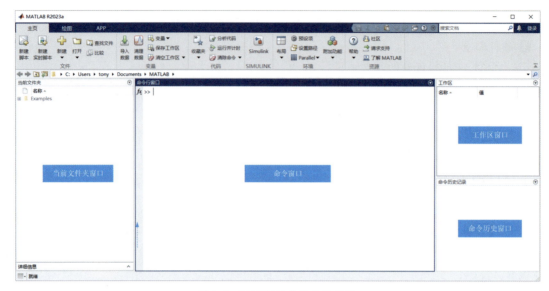

图 1-2　MATLAB 桌面主要布局

理解 MATLAB 桌面对于使用 MATLAB 进行数据分析和编程是至关重要的。MATLAB 桌面提供了一个交互式和直观的界面，用于执行各种任务和操作。以下是 MATLAB 桌面的一些主要组成部分和功能。

（1）命令窗口（Command Window）：命令窗口是 MATLAB 的主要交互界面，用户可以在其中输入 MATLAB 命令并查看其输出。这是执行各种数学计算、数据分析和编程任务的地方。

（2）编辑器（Editor）：MATLAB 编辑器用于创建、编辑和保存 MATLAB 脚本和函数文件。用户可以在编辑器中编写代码，执行脚本，并进行代码调试。

（3）当前文件夹（Current Folder）：当前文件夹窗口显示 MATLAB 当前工作目录中的文件和文件夹。用户可以在其中浏览、打开、保存和管理 MATLAB 文件。

（4）工作区（Workspace）：工作区窗口用于管理 MATLAB 工作区中的变量和数据。用户可以在其中查看、清除和操作工作区中的变量。

（5）命令历史（Command History）：命令历史窗口显示用户在命令窗口中输入的历史命令。用户可以使用命令历史来查找以前执行的命令并重新运行它们。

（6）Plot 工具（Plotting Tools）：MATLAB 提供丰富的绘图工具，用户可以使用它们创建各种类型的图表和图形，以可视化数据。单击"绘图"标签可以进入。

（7）Apps 和工具箱（Apps and Toolboxes）：MATLAB 具有各种应用程序（Apps）和工具箱，用于不同的领域和任务，如统计分析、机器学习、图像处理等。用户可以通过 MATLAB 桌面访问这些应用程序和工具箱。单击"App"标签可以进入。

（8）帮助和文档（Help and Documentation）：MATLAB 提供广泛的在线文档和帮助资源，包括函数文档、示例代码和教程。用户可以随时查阅这些资源以获取帮助和学习 MATLAB 的使用方法。

1.2.3 设置MATLAB默认文件夹

设置MATLAB的默认文件夹是为了确保在MATLAB启动时,它会打开用户希望的文件夹。默认文件夹通常是用户在MATLAB中经常使用的文件夹,以方便管理MATLAB项目和文件。用户可单击"浏览文件"按钮并选择自己的文件夹,即可设置MATLAB默认文件夹,如图1-3所示。

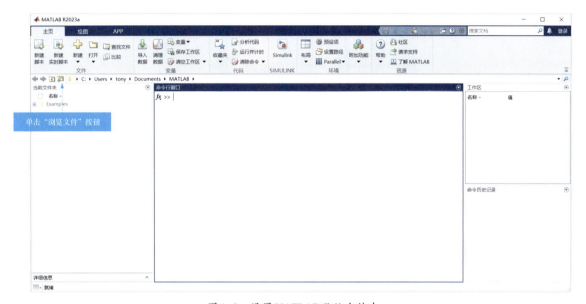

图1-3 设置MATLAB默认文件夹

1.3 编写第一个MATLAB程序

运行R程序主要有两种方式:
(1)交互式方式运行;
(2)脚本文件方式运行。
本节介绍通过这两种运行方式实现Hello World程序。

1.3.1 交互式方式运行

在MATLAB中,我们可以以交互式方式运行命令和表达式,这意味着我们可以逐个输入命令并立即查看结果。这是MATLAB的一个强大功能,允许我们快速测试和调试代码,执行数学计算,以及探索数据。在MATLAB中以交互式方式运行命令的一般步骤如图1-4所示。在">>"提示符后输入MATLAB代码,然后敲【Enter】键就可以执行代码了,如果执行的结果有输出,则会在执行语句的下面输出结果。

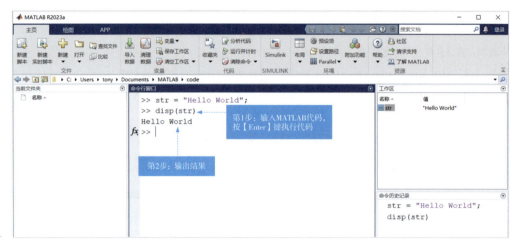

图1-4 交互式方式运行

1.3.2 脚本文件方式运行

在MATLAB中,我们可以使用脚本文件来编写、保存和运行多行MATLAB代码,这让用户可以轻松地创建和管理包含多个命令和操作的MATLAB程序。以下是在MATLAB中运行脚本文件的一般步骤。

创建脚本文件

可以通过在MATLAB桌面的主页的工具栏中单击 按钮,或在命令窗口中输入edit命令来创建脚本文件,如图1-5所示。实现后,编辑器窗口将打开,我们可以在其中编写MATLAB代码,如图1-6所示。

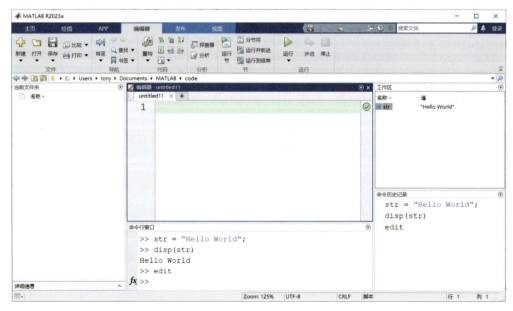

图1-5 创建脚本文件

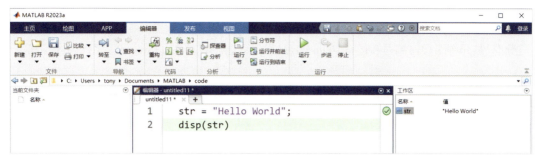

图 1-6　编写 MATLAB 代码

代码编写完成后需要保存代码，保存过程可以通过单击保存按钮 实现，弹出如图 1-7 所示的对话框，在此选择保存文件的路径，并输入文件名"CH01_3_2.m"，然后单击"保存"按钮即可保存文件了。

在 MATLAB 中，.m 文件是 MATLAB 脚本文件的标准文件扩展名。

提示 本书代码文件命名约定："CH01_3_2.m"文件表示第 1.3.2 小节的 MATLAB 脚本文件。

文件保存后，就可以执行文件了，如果想执行整个脚本文件，可以通过单击 ▶ 按钮或【F5】键实现，执行结果会输出到命令行窗口，如图 1-8 所示。

图 1-7　保存代码

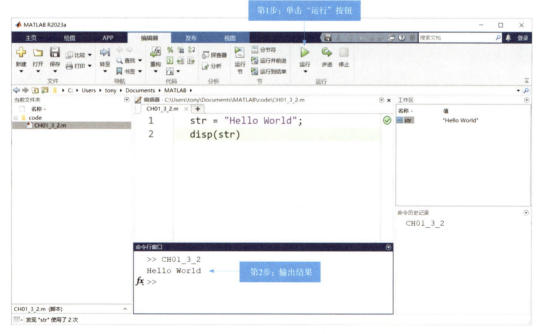

图 1-8　执行脚本文件

1.3.3 代码解释

至此只是介绍了如何编写和运行 Hello World 程序，还没有对 Hello World 程序代码进行解释。

```
str = "Hello World";        ①
disp(str)                   ②
```

代码第①行创建了一个名为 str 的变量，并将字符串 "Hello World" 分配给它。在 MATLAB 中，字符串通常用双引号（"）或单引号（'）括起来。在这种情况下，我们使用双引号表示字符串，变量 str 是一个字符串类型的变量，它存储了文本数据 "Hello World"。

代码第②行使用 disp 函数来显示（或打印）存储在变量 str 中的字符串，disp 是 MATLAB 中的一个内置函数，用于在命令窗口中输出文本或变量的值，在这里，它将变量 str 中的字符串 "Hello World" 打印到命令窗口。

> **注意** ⚠️ MATLAB 中的分号;通常用于抑制输出。如果在代码第①行的末尾添加分号，即 str = "Hello World";，则不会在命令窗口中看到 "Hello World"。这将导致 MATLAB 仍然执行代码，但不会将结果打印出来。

1.4 MATLAB 语法基础

本节介绍 MATLAB 语言中的一些最基础的语法，其中包括标识符、关键字、注释、分节符、变量和续行符等。

1.4.1 标识符

在 MATLAB 中，标识符是用来表示变量、函数、文件和其他命名实体的名称。标识符必须遵循一些命名规则和约定。

MATLAB 标识符的基本规则如下。

（1）标识符必须以字母开头。
（2）标识符可以包含字母、数字和下划线。
（3）标识符不区分大小写，但在 MATLAB 中通常推荐使用小写字母。
（4）标识符不能与 MATLAB 的保留关键字（如 if、for、while 等）相同。

表 1-1 所示的是包含合法的和不合法的 MATLAB 语言标识符示例。

表 1-1 MATLAB 语言标识符示例

合法的 MATLAB 语言标识符	不合法的 MATLAB 语言标识符
myVariable	123variable

续表

合法的MATLAB语言标识符	不合法的MATLAB语言标识符
my_function	@specialFunction
matrix_1	if
totalSum	3rdValue
_privateVar	variable-name

1.4.2 关键字

MATLAB中有一些关键字，这些关键字具有特殊含义，不能用作标识符（变量名、函数名等）。以下是一些MATLAB的关键字示例。

（1）if：用于条件语句，例如if条件成立时执行某些代码块。

（2）else：用于条件语句，指定条件不成立时要执行的代码块。

（3）elseif：在多条件if语句中用于指定额外的条件。

（4）while：用于创建循环，当指定条件为真时执行一段代码块。

（5）for：用于创建循环，通常用于遍历数组或执行一定次数的操作。

（6）end：用于结束循环、函数或条件语句的代码块。

（7）function：用于定义MATLAB函数。

（8）return：用于从函数中返回值。

（9）break：用于退出循环。

（10）continue：用于跳过当前循环迭代，继续下一次迭代。

如果尝试使用关键字作为标识符，MATLAB会产生错误。因此，在编写MATLAB代码时，请确保不要使用这些关键字作为变量名或函数名，以避免出现问题。

1.4.3 注释

在MATLAB中，可以使用注释来添加说明性文字或注释性信息，以使代码更易于理解和维护。MATLAB支持两种主要类型的注释：单行注释和多行注释。

❶ 单行注释

使用百分号（%）开始的一行文字被视为单行注释。单行注释通常用于在代码中添加短期注释或说明。示例代码如下。

```
% 这是一个单行注释
x = 10;  % 这是一个单行注释，用于赋值
```

❷ 多行注释

多行注释通常用于添加更长或多段文字的注释。它是由%{和%}包围的文本块组成的。示例代码如下。

```
%{
这是一个多行注释示例
它可以跨足多行，用于添加更多详细信息
%}
```

多行注释可以非常有用，特别是在添加函数文档字符串（文档注释）或多行说明时。

注释对于描述代码、提供文档、解释变量或函数的用途，以及使代码更易于协作和维护都非常重要。良好的注释可以帮助其他人理解编写者的代码，并帮助自己在以后回顾代码时更容易理解它。

1.4.4 分节符

在 MATLAB 中，"%%"符号用作分节符（section break），它的主要目的是将脚本或函数分成不同的部分，以提高代码的可读性和组织性。分节符可以帮助我们清晰地标识代码的不同部分，并在编辑器中轻松导航到这部分代码。

示例代码如下。

```
%% 加法运算符
a = 5;
b = 3;
result = a + b; % 结果为 8
%%  一元加法
a = 5;
result = +a; % 结果为 5，一元加法不改变数值
```

在这个示例中，代码被分成两个部分，每个部分都有一个 %% 分节符。这使得代码更有组织性，方便进行解释和阅读。在第一个部分中，我们执行了加法运算符，而在第二个部分中，我们演示了一元加法。这是一种有效的组织和解释 MATLAB 代码的方式。

每个节可以单独运行以进行测试或调试，而无须运行整个脚本或函数。

具体操作是将光标放在想要运行的节的任何位置，然后单击编辑器工具栏中的 运行当前节。

1.4.5 变量

MATLAB 的变量可以用于存储和操作各种数据类型，包括标量、矩阵、字符串、结构等，这使得 MATLAB 成为一个强大的数值计算和数据分析工具。

在 MATLAB 中定义变量直接使用变量名即可，不需要声明类型。示例代码如下。

```
% 定义变量
```

```matlab
a = 5;
b = 10;

% 运算
c = a + b;
d = a * b;

% 显示
c
d

% 字符串
name = "Alice";
disp(name);

% 改变值,并显示输出
a = 7
```

程序代码运行输出结果如下。

```
c =
    15
d =
    50
Alice
a =
    7
```

1.4.6 续行符

在 MATLAB 中,我们可以使用省略号(...)来表示续行符,以便将一行代码分成多行。这对于在长表达式或语句中提高代码的可读性很有用。以下是续行符的使用示例代码。

```matlab
result = 1 + 2 + 3 + ...
        4 + 5 + 6;
% 创建一个较长的矩阵
matrix = [1, 2, 3; ...
         4, 5, 6; ...
         7, 8, 9];
```

在上述示例中,"..."用于指示 MATLAB 继续到下一行继续代码。这可以使长表达式、字符串或矩阵的定义更具可读性,因为它们不会占据整个屏幕的宽度。这对于编写清晰的代码非常有帮助。

1.5 数据类型

在MATLAB中，有多种不同的数据类型，这些数据类型用于存储不同种类的数据。以下是MATLAB中一些常见的数据类型：双精度浮点数（Double）、整数（Integer）、字符（Char）、逻辑（Logical）、复数（Complex）。

下面我们分别介绍一下。

1.5.1 双精度浮点数

双精度浮点数是MATLAB中最常用的数据类型，用于存储小数或浮点数值。双精度浮点数使用64位来表示数字，具有高精度和范围。示例代码如下。

```
x = 3.14;              % 声明一个双精度浮点数变量x，并分配值3.14
y = 2.71828;           % 声明另一个双精度浮点数变量y

result = x + y;        % 执行浮点数加法操作
```

1.5.2 整数

在MATLAB中，整数是一种数据类型，用于存储整数值。整数是不带小数点的数字。MATLAB支持有符号整数和无符号整数，如表1-2所示。

有符号整数可以表示正数、负数和零，而无符号整数只能表示非负整数（包括零）。MATLAB中的整数可以具有不同的位数，分为8位、16位、32位和64位整数。

表1-2 整数类型

数据类型	描述	数据类型	描述
int8	8位有符号整数	int32	32位有符号整数
uint8	8位无符号整数	uint32	32位无符号整数
int16	16位有符号整数	int64	64位有符号整数
uint16	16位无符号整数	uint64	64位无符号整数

以下是MATLAB中声明整数变量和赋值的示例代码。

```
x = 42;    % 声明一个有符号整数变量x并分配值42
y = -10;   % 声明另一个有符号整数变量y并分配值-10

uint_var = uint16(100);  % 声明一个16位无符号整数变量uint_var并分配值100
```

在上面的示例中，我们声明了有符号整数变量 x 和 y，并声明了一个16位无符号整数变量uint_var。MATLAB允许我们根据需要选择不同位数的整数类型，以满足特定的数据范围和精度要求。

1.5.3 字符

字符和字符串：字符数据类型用于存储单个字符，而字符串数据类型用于存储文本或字符序列。

字符是 MATLAB 中用于存储单个字符的数据类型。单个字符可以是字母、数字、标点符号或其他特殊字符。字符变量用单引号(')来声明，示例代码如下。

```
ch1 = 'A';  % 声明一个字符变量 ch1，存储字母 'A'
ch2 = '5';  % 声明一个字符变量 ch2，存储数字 '5'
ch3 = '@';  % 声明一个字符变量 ch3，存储特殊字符 '@'
ch4 = ' ';  % 声明一个字符变量 ch4，存储空格字符
```

1.5.4 逻辑

在 MATLAB 中，逻辑数据类型表示逻辑真(true)和逻辑假(false)。逻辑数据类型通常用于条件测试、逻辑运算和控制流程。逻辑数据类型有两个特定的值：true 和 false。

- true：表示逻辑真。通常用1来表示。
- false：表示逻辑假。通常用0来表示。

以下是一些 MATLAB 中逻辑数据类型的示例代码。

```
is_true = true;   % 真
is_false = false; % 假
if is_true
    disp(' 这是真 ');
else
    disp(' 这是假 ');
end
```

1.5.5 复数

在 MATLAB 中，我们可以使用复数数据类型来表示和处理复数数值。复数是具有实部和虚部的数值，通常以 a + bi 的形式表示，其中 a 是实部，b 是虚部，而 i 表示虚数单位。

以下是 MATLAB 中处理复数的示例代码。

```
% 定义两个复数
z1 = 3 + 4i;      % 实部 =3，虚部 =4
z2 = -2 - 2i;     % 实部 =-2，虚部 =-2

% 加法和减法
sum_z = z1 + z2;  % 复数相加
diff_z = z1 - z2; % 复数相减
```

```
% 获取实部和虚部
real_part = real(z1);        % 获取复数的实部
imaginary_part = imag(z1);   % 获取复数的虚部
```

在上述示例中,我们定义了两个复数 z1 和 z2,然后执行了复数的加法和减法操作。我们还使用 real 和 imag 函数分别获取了复数的实部和虚部。

1.6 运算符

MATLAB中有许多不同类型的运算符,用于执行各种数学和逻辑操作。以下是一些常见的MATLAB运算符。

1.6.1 算术运算符

MATLAB中的算术运算符用于执行各种数学操作。表1-3所示的是一些常见的MATLAB算术运算符。

表1-3 算术运算符

运算符	名称	例子	运算符	名称	例子
+	加法	a + b	/	矩阵右除	M / N
+	一元加法	+a	.\	按元素左除	array1 .\ array2
−	减法	x − y	\	矩阵左除	X \ Y
−	一元减法	−x	.^	按元素求幂	base_array .^ exp
.*	按元素乘法	array1 .* array2	^	矩阵幂	M^p
*	矩阵乘法	A * B	.'	转置	A.'
./	按元素右除	numerator ./ denom	'	复共轭转置	B'

算术运算符的示例代码如下。

```
%% 加法运算符
a = 5;
b = 3;
result = a + b;  % 结果为8
%%  一元加法
a = 5;
result = +a;  % 结果为5,一元加法不改变数值符号
%% 减法运算符
x = 10;
y = 7;
result = x - y;  % 结果为3
```

```matlab
%% 一元减法
x = 10;
result = -x; % 结果为 -10，一元减法改变数值符号

%% 按元素乘法
array1 = [1, 2, 3];
array2 = [4, 5, 6];
result = array1 .* array2; % 结果为 [4, 10, 18]

%% 矩阵乘法
A = [1, 2; 3, 4];
B = [5, 6; 7, 8];
result = A * B; % 结果为矩阵乘法的结果
%% 按元素右除
numerator = [10, 20, 30];
denom = [2, 4, 6];
result = numerator ./ denom; % 结果为 [5, 5, 5]
%% 矩阵右除
M = [10, 20; 30, 40];
N = [2, 4; 6, 8];
result = M / N; % 结果为矩阵右除的结果

%% 按元素左除
array1 = [10, 20, 30];
array2 = [2, 4, 6];
result = array1 .\ array2; % 结果为 [5, 5, 5]

%% 矩阵左除
X = [1, 2; 3, 4];
Y = [5, 6; 7, 8];
result = X \ Y; % 结果为矩阵左除的结果

%% 按元素求幂
base_array = [2, 3, 4];
exp = [2, 3, 2];
result = base_array .^ exp; % 结果为 [4, 27, 16]

%% 矩阵幂
M = [1, 2; 3, 4];
p = 2;
result = M^p; % 结果为矩阵的幂
```

```matlab
%% 转置
A = [1, 2; 3, 4];
result = A.';  % 结果为矩阵的转置

%% 复共轭转置
B = [2+3i, 4-5i; 6+7i, 8-9i];
result = B';  % 结果为矩阵的复共轭转置
```

1.6.2 关系运算符

MATLAB中的关系运算符用于比较两个值或表达式之间的关系,通常用于控制程序的流程和做出决策。表1-4所示的是一些常见的MATLAB关系运算符。

表1-4 关系运算符

运算符	名称	例子	运算符	名称	例子
==	等于	a == b 检查a是否等于b	>=	大于或等于	a>=b 检查a是否大于或等于b
~=	不等于	x ~= y 检查x是否不等于y	<	小于	m<n 检查m是否小于n
>	大于	p>q 检查p是否大于q	<=	小于或等于	x <= y 检查x是否小于或等于y

关系运算符的示例代码如下。

```matlab
%% 使用关系运算符 ==
a = 5;
b = 5;

result1 = (a == b);  % result1 将是 1(真),因为 a 等于 b

%% 使用关系运算符 ~=
x = 3;
y = 7;

result2 = (x ~= y);  % result2 将是 1(真),因为 x 不等于 y

%% 使用关系运算符 >
p = 10;
q = 7;

result3 = (p > q);  % result3 将是 1(真),因为 p 大于 q

%% 使用关系运算符 >=
m = 6;
n = 6;
```

```
result4 = (m >= n); % result4 将是 1（真），因为 m 大于或等于 n

% 使用关系运算符 <
r = 3;
s = 9;

result5 = (r < s); % result5 将是 1（真），因为 r 小于 s

%% 使用关系运算符 <=
u = 8;
v = 8;

result6 = (u <= v); % result6 将是 1（真），因为 u 小于或等于 v
```

1.6.3 逻辑运算符

MATLAB中的逻辑运算符用于执行逻辑运算，通常用于组合多个条件，以便控制程序的流程。表1-5所示的是一些常见的MATLAB逻辑运算符。

表1-5 逻辑运算符

运算符	名称	例子
&	计算逻辑 AND	a & b 执行逻辑 AND 操作
|	计算逻辑 OR	x | y 计算逻辑 OR
||	计算逻辑 OR（具有短路功能）	p || q 执行逻辑 OR 操作（具有短路功能）
&&	计算逻辑 AND（具有短路功能）	p && q 执行逻辑 AND 操作（具有短路功能）
~	计算逻辑 NOT	~a 执行逻辑 NOT 操作

逻辑运算符的示例代码如下。

```
%% &（逻辑 AND）：执行逻辑 AND 操作
a = true;
b = false;
result1 = a & b;

% result1 将是 false，因为 a 和 b 都不为真 %% |（逻辑 OR）：执行逻辑 OR 操作，具有短路功能
x = true;
y = false;
result2 = x | y;

%% result2 将是 true，因为 x 为真 %% &&（逻辑 AND，具有短路功能）：执行逻辑 AND 操作，具有短路功能
```

```
p = true;
q = false;
result3 = p && q;

% result3 将是 false, 因为 q 为假, 短路功能停止执行 %% || (逻辑 OR, 具有短路功能): 执行
逻辑 OR 操作, 具有短路功能
p = true;
q = false;
result4 = p || q;

% result4 将是 true, 因为 p 为真, 短路功能停止执行 %% ~ (逻辑 NOT): 执行逻辑 NOT 操作
a = true;
result5 = ~a;

% result5 将是 false, 因为 a 的逻辑非为假
```

1.7 本章总结

本章介绍了MATLAB的基本概念和环境搭建，包括MATLAB的语言历史、帮助获取和安装，以及如何编写第一个MATLAB程序和了解语法基础、数据类型和运算符。这一章为初学者提供了MATLAB的基础知识。

第2章 数据结构

数据结构（Data Structure）表示数据的内部组织、关系和存储方法。MATLAB中的常用数据结构有数组、元胞数组、字符串、结构体、表。

本章我们分别介绍一下这些数据结构。

2.1 数组

数组（Array）：MATLAB最常用的数据结构之一，可以是一维、二维或多维数组。这些数组可以包含数字、字符串、逻辑值等各种类型的数据。

在MATLAB中，所有的数据都以多维数组的形式表示。向量是一种特殊的一维数组，矩阵是一种特殊的二维数组。这意味着无论是数字、文本还是其他数据类型，都在MATLAB中以数组的形式存储和处理。因此，MATLAB提供了一种一致的方式来处理各种数据类型，使其非常适用于各种数值计算和数据分析任务。

例如，即使是一个单独的数字，也可以看作一个大小为 1×1 的矩阵或数组。这种一致性使得MATLAB非常适合进行各种数值计算和数据处理任务。

2.1.1 向量

在MATLAB中，向量（Vector）是一维数组的一种特殊形式，用于存储一系列数字数据，如图2-1所示，其中的每个元素都具有唯一的索引或位置。它在数学、物理、工程和计算领域广泛应用。

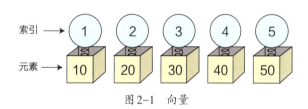

图2-1 向量

以下是一些关于向量的重要特性和概念。

● 维度：向量的维度表示它所包含的元素数量。一维向量是最简单的向量，通常用于表示一列或一行数据。

● 元素：向量中的每个单独数据元素通常称为向量的"分量"或"元素"。元素可以是数字、文本、逻辑值等各种数据类型。

- 索引：向量中的每个元素都有一个唯一的索引，用于标识它的位置。索引通常从1开始，逐渐递增。
- 表示：向量可以表示为行向量（水平排列的元素）或列向量（垂直排列的元素）。

❶ 创建向量

创建行向量时使用中括号（[]）将元素包裹起来，并在中间用空格或逗号（,）分隔每个元素；而创建列向量时也是使用中括号将元素包裹起来，其中的元素使用空格或逗号（;）分隔。

创建向量的示例代码如下。

```
% 创建一个行向量
row_vector1 = [20, 30, 40, 50, 60];                    ①
row_vector2 = [20 30 40 50 60];                        ②

% 创建一个列向量
column_vector1 = [20; 30; 40; 50; 60];                 ③
column_vector2 = [20 30 40 50 60];                     ④
```

上述代码解释如下。

代码第①行创建一个如图2-2所示的行向量，其中的元素使用逗号分隔。
代码第②行创建一个如图2-2所示的行向量，其中的元素使用空格分隔。
代码第③行创建一个如图2-3所示的列向量，其中的元素使用分号分隔。
代码第④行创建一个行如图2-3所示列向量，其中的元素使用空格分隔。

图2-2　行向量

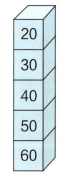

图2-3　列向量

❷ 访问向量的单个元素

要访问 MATLAB 中向量的单个元素，我们可以使用括号（()）和相应的索引。以下是访问向量中单个元素的示例代码。

```
% 创建一个行向量
row_vector1 = [20, 30, 40, 50, 60];
row_vector2 = [20 30 40 50 60];


% 创建一个列向量
column_vector1 = [20; 30; 40; 50; 60];
column_vector2 = [20 30 40 50 60];

element_11 = row_vector1(1);  % 访问第一个元素，element_11 的值将是 20
element_13 = row_vector1(3);  % 访问第三个元素，element_13 的值将是 40
```

```
element_21 = column_vector1(1);  % 访问第一个元素，element_21 的值将是 20
element_23 = column_vector1(3);  % 访问第三个元素，element_23 的值将是 40
```

上述代码使用括号(())并提供相应的索引来访问向量中的单个元素。索引应该是整数，并且不能超过向量的长度。

❸ **访问向量的多个元素**

MATLAB 中访问向量的多个元素的语法是使用括号(())和冒号(:)运算符来指定范围或索引。它的语法如下。

```
subset = vector(start_index:end_index);
```

该表达式将选择从 start_index 到 end_index 的所有元素，包括这两个索引对应的元素。示例代码如下。

```
subset_2_to_4 = row_vector1(2:4);  % 访问第 2 个到第 4 个元素，subset_2_to_4 的值将是
[30, 40, 50]
```

另外，我们还可以指定步长，它的语法如下。

```
subset = vector(start_index:step:end_index);
```

该表达式将选择从 start_index 开始，每隔 step 个元素，直到 end_index 的对应元素。示例代码如下。

```
subset_step_2 = row_vector1(1:2:end);  % 每隔一个元素访问，subset_step_2 的值将是
[20, 40, 60]
```

2.1.2 矩阵

矩阵(Matrix)：矩阵是二维数组的一种特殊形式，用于存储一系列数字数据，图 2-4 所示的是 3×3 矩阵。

以下是关于矩阵的重要信息和概念。

● **矩阵表示方法**：矩阵通常用大写字母表示，例如 A、B、C。一个 $m \times n$ 的矩阵表示有 m 行和 n 列，其中 m 和 n 都是正整数。

● **元素**：矩阵的每个位置都包含一个数值，这些数值称为矩阵的元素。矩阵的元素可以是实数、复数、符号、表达式等。

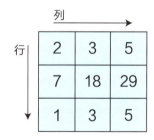

图 2-4 3×3 矩阵

● **矩阵维度**：矩阵的维度由它的行数和列数决定。例如，一个 3×2 的矩阵有 3 行和 2 列。

● **特殊类型的矩阵**：有一些特殊类型的矩阵，如单位矩阵(Identity Matrix)、对角矩阵(Diagonal Matrix)、对称矩阵(Symmetric Matrix)等，它们具有特殊的性质和用途。

❶ **手动创建矩阵**

在 MATLAB 中，可以通过在每行中输入元素来创建一个矩阵，元素之间用逗号或空格分隔，并

使用分号标记每一行的结尾。

手动创建矩阵的示例代码如下。

```
% 手动创建一个3×3的矩阵
A = [2, 3, 5;
     7, 18, 29;
     1, 3, 5];
```

❷ **使用内置函数创建矩阵**

MATLAB 提供了许多内置函数来创建矩阵，如 zeros、ones、eye 等，示例代码如下。

```
B = zeros(3,3)   % 3行3列全0矩阵
C = ones(3,3)    % 3行3列全1矩阵
I = eye(3)       % 3×3 单位矩阵
```

上述代码执行后创建了3个矩阵，其中B是3×3全0矩阵，如图2-5所示；C是3×3全1矩阵，如图2-6所示；I是3×3单位矩阵，如图2-7所示。

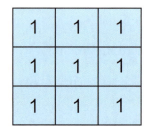
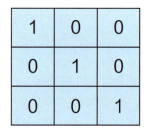

图 2-5　3×3 全 0 矩阵　　　　图 2-6　3×3 全 1 矩阵　　　　图 2-7　3×3 单位矩阵

❸ **访问矩阵的单个元素**

在 MATLAB 中，要访问矩阵中的元素，可以使用括号（()）和相应的行列索引。以下是访问矩阵元素的示例代码。

```
% 手动创建一个3×3的矩阵
A = [2, 3, 5;
     7, 18, 29;
     1, 3, 5];

B = zeros(2,3)   % 2行3列全0矩阵
C = ones(3,2)    % 3行2列全1矩阵
I = eye(3)       % 3×3 单位矩阵

element_1_1 = A(1, 1); % 访问第1行第1列的元素，element_1_1 的值将是 2
element_2_3 = A(2, 3); % 访问第2行第3列的元素，element_2_3 的值将是 29
```

❹ **访问矩阵的多个元素**

在 MATLAB 中，访问矩阵的多个元素时，使用冒号（:）来访问范围内的元素，示例代码如下。

```
row_subset = A(2, 1:3);  % 访问第 2 行的第 1 到第 3 列元素，row_subset 的值将是 [7, 18, 29]
column_subset = A(1:3, 2);  % 访问第 2 列的第 1 到第 3 行元素，column_subset 的值将是 [3; 18; 3]
```

2.1.3 多维数组

多维数组（Multidimensional Arrays）指的是 MATLAB 中的一种数据结构，它是二维矩阵的扩展，可以包含更多的维度。多维数组在 MATLAB 中非常重要，因为它可以用来表示和处理高维度的数据，如图像、音频、视频、多维信号等。

多维数组可以有多个维度，而不仅仅是行和列。例如，三维数组具有行、列和深度三个维度（见图 2-8），四维数组具有额外的维度，以此类推。

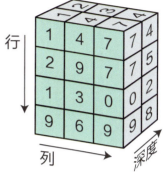

图 2-8　三维数组

❶ 创建三维数组

创建三维数组与矩阵类似，可以使用大括号（{}）嵌套来定义不同维度的数据，也可以使用内置函数等创建。例如，可以使用 zeros、ones、rand 函数创建多维数组。

创建三维数组的示例代码如下。

```
% 创建三维数组
% 创建一个 3×4×2 的三维数组
arr = reshape(0:23, [3, 4, 2]);
disp('----- 打印三维数组 -----')
disp(arr);
```

上述代码使用 reshape 函数来创建一个三维数组 arr，reshape 函数的一般语法如下。

```
B = reshape(A, sz)
```

其中：

- A 是要重新构造的原始数组；
- sz 是新的维度或形状，可以是一个整数向量，指定新数组的大小和维度。

那么在 reshape(0:23, [3, 4, 2]) 表达式中，0:23 表示创建一个包含从 0 到 23 的整数的一维数组，然后使用 reshape 函数将这个一维数组重新构造为一个 3×4×2 的三维数组。这意味着它将一维数组的元素按照 3 行、4 列和 2 深度（或层）的方式重新排列，创建了一个三维数据结构。

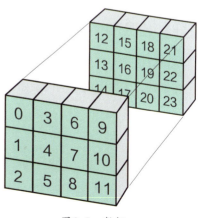

图 2-9　数组 arr

上述代码运行创建数组 arr（见图 2-9），并且输出结果如下。

```
----- 打印三维数组 -----

(:,:,1) =

     0     3     6     9
     1     4     7    10
     2     5     8    11


(:,:,2) =

    12    15    18    21
    13    16    19    22
    14    17    20    23
```

❷ 访问三维数组元素

要访问三维数组中的元素，需要使用括号（()）和逗号（,）来指定元素的索引，其中每个索引对应一个维度，访问数组 arr 的示例代码如下。

```
element = arr(2, 3, 1);% 访问 arr 的第 2 行、第 3 列、第 1 深度的元素,也就是值为 7
```

2.2 元胞数组

元胞数组（Cell Arrays）是 MATLAB 中的一种数据结构，与普通数组（矩阵）不同，元胞数组可以容纳不同类型的数据和大小不同的数组。元胞数组中的元素称为"元胞"，每个元胞可以存储不同的数据类型，包括数值、文本、函数句柄等。元胞数组通常用于处理混合数据或具有不规则结构的数据。

2.2.1 创建元胞数组

可以使用大括号（{}）创建元胞数组，而每个元胞可以包含任何类型的数据。

创建元胞数组的示例代码如下。

```
cellArray = {1, 'hello', [1 2; 3 4]};
disp(cellArray)
```

上述代码运行输出结果如下。

```
cellArray =
```

```
1×3 cell 数组

  {[1]}    {'hello'}    {2×2 double}
```

2.2.2 访问元胞数组

在 MATLAB 中，元胞数组的元素可以通过索引来访问，使用大括号 ({}) 或小括号 (())，具体说明如下：

- ()用于访问元胞元素内部的数组元素；
- {}用于访问整个元胞。

以下是访问元胞数组的一些示例代码。

```
% 创建一个 2 行 3 列的元胞数组
C = {1, 'hello', [1 2; 3 4]; 5, 'world', logical([1 0])};

% 使用 {} 访问整个元胞元素
val1 = C{1}; % 访问第 1 个元胞元素，返回数字 1
val2 = C{2,3}; % 访问第 2 行第 3 列元胞，返回逻辑数组

% 使用 () 访问元胞元素中的数组元素
val3 = C{3}(1,1); % 访问第 1 行第 1 列，返回 'h'

% 打印输出
disp(val1)
disp(val2)
disp(val3)
```

上述代码中需要注意的是 val3 = C{3}(1,1) 表达式，其中 C{3} 表达式计算返回 'hello'，它是一个字符串，字符串本质上是字符数组，那么 C{3}(1,1) 表达式则是获取这个字符数组的第 1 个元素。

上述代码运行结果如下。

```
    1

    1   0

H
```

2.3 字符串

字符串是一种用于存储文本数据的数据类型。

2.3.1 创建字符串

在 MATLAB 中，我们可以使用双引号（"）或单引号（'）来创建字符串，示例代码如下。

```
str1 = "Hello, MATLAB"  % 使用双引号创建字符串
str2 = 'Hello, MATLAB'  % 使用单引号创建字符串
```

上述代码运行结果如下。

```
str1 =

    "Hello, MATLAB"


str2 =

    'Hello, MATLAB'
```

2.3.2 字符串操作

在 MATLAB 中，字符串操作是一项重要的功能，允许我们执行各种文本处理任务。以下是一些常见的字符串操作。

❶ 字符串拼接

我们可以使用加号（+）来连接两个字符串。

示例代码如下。

```
str1 = "Hello";
str2 = "MATLAB";
resultStr = str1 + ", " + str2;  % 字符串拼接
disp(resultStr);
```

上述示例代码运行结果如下。

```
Hello, MATLAB
```

❷ 字符串长度

我们可以使用 strlength 函数来获取字符串的长度，示例代码如下。

```
str = "Hello, MATLAB";
len = strlength(str);  % 获取字符串长度
disp(len);
```

上述示例代码运行结果如下。

```
13
```

❸ 字符串分割

使用 strsplit 函数将字符串拆分为字符串数组，通常使用分隔符来指定拆分位置。示例代码如下。

```
str = "apple,banana,cherry";
strArray = strsplit(str, ','); % 使用逗号拆分字符串
disp(strArray);
```

上述示例代码运行结果如下。

```
"apple"     "banana"     "cherry"
```

❹ 字符串查找

使用 strfind 函数查找子字符串在主字符串中的位置。示例代码如下。

```
str = "Hello, MATLAB";
substring = "MATLAB";
indices = strfind(str, substring); % 查找子字符串在字符中的的位置
disp(indices);
```

上述示例代码运行结果如下。

```
8
```

❺ 字符串替换

使用 replace 函数将字符串中的指定子字符串替换为新的子字符串。示例代码如下。

```
str = "Hello, World";
newStr = replace(str, "World", "MATLAB"); % 替换为新的子字符串
disp(newStr);
```

上述示例代码运行结果如下。

```
Hello, MATLAB
```

❻ 字符串大小写转换

使用 lower 和 upper 函数将字符串转换为小写或大写。示例代码如下。

```
str = "Hello, MATLAB";
lowerStr = lower(str); % 转换为小写
upperStr = upper(str); % 转换为大写
disp(lowerStr);
disp(upperStr);
```

上述示例代码运行结果如下。

```
Hello, MATLAB
hello, matlab
HELLO, MATLAB
```

7 字符串格式化

使用 sprintf 函数根据格式字符串创建格式化字符串，它允许我们将数据格式化为一个字符串，根据指定的格式将不同类型的数据（如数字、文本、变量值等）插入字符串中。

sprintf 函数的基本语法如下。

```
formattedStr = sprintf(format, arg1, arg2, ...);
```

参数说明如下。
- format：格式字符串，指定最终输出字符串的格式。它包含普通字符和转换说明符，用于指定如何格式化插入的数据。
- arg1, arg2, ...：要插入格式字符串中的数据或变量。

示例代码如下。

```
name = "Alice";
age = 30;
formattedStr = sprintf("Name: %s, Age: %d", name, age);   % 创建格式化字符串
disp(formattedStr);
```

上述示例代码运行结果如下。

```
Name: Alice, Age: 30
```

2.4 结构体

在 MATLAB 中，结构体（Structure）是一种用于组织和存储不同类型的数据的数据结构。结构体允许我们将相关数据项组合在一起，并为每个数据项分配一个字段名称，以便更容易地访问和管理数据。

2.4.1 创建结构体

要创建一个结构体，需要定义结构体的字段及其初始值。示例代码如下。

```
person.name = 'Alice';
person.age = 30;
person.gender = 'Female';
disp(person)
```

这段代码建了一个名为 person 的结构体，它包含三个字段：name、age 和 gender。上述示例代码运行，则创建如图 2-10 所示的 person 结构体对象，并输出如下结果。

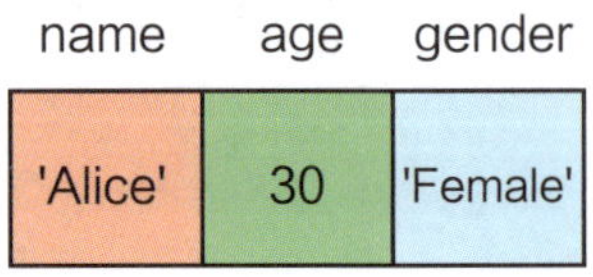

name	age	gender
'Alice'	30	'Female'

图 2-10 person 结构体对象

```
       name: 'Alice'
        age: 30
     gender: 'Female'
```

2.4.2 访问结构体字段

我们可以使用点运算符(.)来访问结构体的字段，示例代码如下。

```
name = person.name;  % 获取 name 字段的值
age = person.age;    % 获取 age 字段的值
```

另外，我们可以通过点运算符(.)修改结构体的字段值，示例代码如下。

```
person.age = 31;          % 修改 age 字段的值为 31
person.gender = 'Male';   % 修改 gender 字段的值为 'Male'
```

2.4.3 结构体数组

我们可以创建包含多个结构体的数组，每个结构体可以具有不同的字段值，示例代码如下。

```
%% 创建一个名为 person 的结构体
person.name = 'Alice';
person.age = 30;
person.gender = 'Female';
disp(person)

%% 创建包含多个结构体的数组
people(1).name = 'Alice';
people(1).age = 30;
people(2).name = 'Bob';
people(2).age = 35;
```

2.5 表

在 MATLAB 中，表(Table)是一种数据结构，用于组织和存储二维数据，图2-11所示的是学生信息表。表类似于电子表格中的数据表格，每一列可以包含不同类型的数据，而且每一列都有一个名称。表提供了一种方便的方式来存储和处理结构化数据，例如实验结果、数据集、统计信息等。

Name	Age	Pass
"Alice"	18	false
"Bob"	20	true
"Carol"	22	false
"David"	19	true

图2-11　学生信息表

2.5.1 创建表

在 MATLAB 中，要创建一个表，可以使用table函数。创建表格时，可以指定列的名称及每列的数据。以下是示例代码，演示如何创建一个包含学生信息的表格。

```matlab
%% 创建一个包含学生信息的表格
students = table(...                                    ①
    {'Alice'; 'Bob'; 'Carol'; 'David'}, ...             ②
    [18; 20; 22; 19], ...                               ③
    logical([false; true; false; true]), ...            ④
'VariableNames', {'Name', 'Age', 'Pass'});              ⑤
```

这段代码创建了一个名为 students 的表格（Table），其中包含学生信息的数据。代码解释如下。

代码第①行使用table函数创建表格的命令，将创建一个名为 students 的表格，并填充其数据。这个命令的主要部分包括多个参数，每个参数表示表格的一个列。

代码第②行指定包含学生名字的列。它是一个列向量，包含四个学生的名字。

代码第③行是一个包含学生年龄的列。它是一个列向量，包含四个学生的年龄。

代码第④行是一个包含学生是否通过的列。它是一个逻辑（布尔）列向量，其中 false 表示未通过，true 表示通过。这里的数据表示其中两名学生通过了，另外两名学生未通过。

代码第⑤行指定了表格的列名。每个列名与相应的数据列一一对应。这样，第一列将被命名为 'Name'，第二列为 'Age'，第三列为 'Pass'。

2.5.2 访问表数据

要访问表中的数据，可以使用列名称或索引。以下是在 MATLAB 中访问表数据的方式。

❶ 使用列名称访问数据

使用列名称访问数据的示例代码如下。

```matlab
% 访问姓名列
names = students.Name;

% 访问年龄列
ages = students.Age;

% 访问是否通过列
passStatus = students.Pass;
```

在上面的示例中，我们使用列名称（Name、Age、Pass）来访问相应列的数据。这是一种直观的方式，使我们可以轻松获取特定列的信息。

❷ 使用索引访问数据

我们还可以使用列的索引来访问数据。索引从 1 开始，对应表中列的顺序，使用索引访问数据的示例代码如下。

```
% 使用索引访问第一列（姓名列）
column1 = students{:, 1}; % 或 students(:, 1)
% 使用索引访问第二列（年龄列）
column2 = students{:, 2}; % 或 students(:, 2)
% 使用索引访问第三列（是否通过列）
column3 = students{:, 3}; % 或 students(:, 3)
```

在这些示例中，students{:, 1} 表示访问表格的所有行（:）中的第一列数据。同样，我们可以使用相同的方式访问其他列。

2.6 本章总结

本章介绍了 MATLAB 中的不同数据结构，包括数组、元胞数组、字符串、结构体和表。这些结构提供了不同的数据存储和处理方式，包括数字、文本和自定义数据类型。学习这些数据结构有助于更有效地处理各种数据。

第3章 程序流程控制

在 MATLAB 编程世界中，程序流程控制是我们的指南针。它包括条件语句、循环语句和跳转语句等核心结构，指引着程序的执行路径。本章将深入探讨这些控制结构。

3.1 条件语句

条件语句用于根据条件的真假来选择不同的执行路径。MATLAB 中常见的条件语句包括 if 语句和 switch 语句。

3.1.1 if 语句

R 语言、C 语言中有 if 语句作为选择结构。在 MATLAB 中，也有类似的选择结构，包括 if 结构、if...else 结构和 if...else if...else 结构。这些结构用于根据不同条件的真假选择执行不同的代码块，与在 R 语言中提到的类似。

❶ if 结构

if 结构流程图如图 3-1 所示，首先测试条件表达式，如果为 true，则执行代码块，否则就执行 if 语句结构后面的语句。

if 结构语法如下。

```
if condition
    % 当条件为真时执行这里的代码块
end
```

if 结构示例代码如下。

```
% 定义一个变量
x = 10;
```

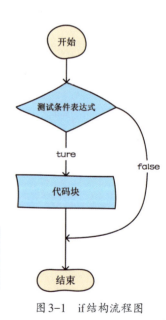

图 3-1 if 结构流程图

```
% 使用 if 结构来检查条件
if x > 5
    % 当条件 x 大于 5 为真时执行这里的代码
    disp('x 大于 5');
else
    % 当条件 x 大于 5 为假时执行这里的代码
    disp('x 不大于 5');
end
```

在这个示例中,我们定义了一个变量 x,然后使用 if 结构来检查 x 是否大于 5。如果条件为真,将执行 if 部分的代码块,显示 "x 大于 5",如果条件为假,将执行 else 部分的代码块,显示 "x 不大于 5"。

上述代码运行结果如下。

```
x 大于 5
```

❷ if...else 结构

if...else 结构流程图如图 3-2 所示,首先测试条件表达式。如果值为 true,则执行代码块 1;如果值为 false,则忽略代码块 1 而直接执行代码块 2。然后,继续执行后面的语句。

if...else 结构语法如下。

```
if condition
    % 当条件为真时执行这里的代码
else
    % 当条件为假时执行这里的代码
end
```

if...else 结构示例代码如下。

```
% 定义一个学生的分数
score = 75;

% 使用 if...else 结构来判断评级
if score >= 90
    disp('优秀');
elseif score >= 70
    disp('良好');
else
    disp('不及格');
end
```

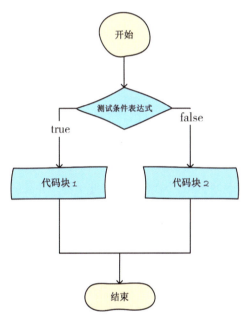

图 3-2 if...else 结构流程图

上述代码运行结果如下。

良好

❸ **if…else if…else 结构**

if…else if…else 结构实际上是 if…else 结构的多层嵌套，它明显的特点就是在多个分支中只执行一个代码块，而其他分支都不执行，所以这种结构可以用于有多种判断结果的分支中。

if…else if…else 结构语法如下。

```
if condition1
    % 当条件 1 为真时执行这里的代码
elseif condition2
    % 当条件 2 为真时执行这里的代码
elseif condition3
    % 当条件 3 为真时执行这里的代码
else
    % 如果以上所有条件都不满足，则执行这里的代码
end
```

这个结构允许我们根据多个条件的真假选择执行不同的代码块。首先，它检查 condition1 是否为真。如果为真，将执行第一个代码块。如果 condition1 为假，它将继续检查 condition2，如果为真，则执行第二个代码块，以此类推。如果所有条件都为假，将执行 else 部分的代码块。

if…else if…else 结构示例代码如下。

```
% 定义一个学生的分数
score = 75;

% 使用 if...else if...else 结构来判断评级
if score >= 90
    disp(' 优秀 ');
elseif score >= 80
    disp(' 良好 ');
elseif score >= 70
    disp(' 中等 ');
elseif score >= 60
    disp(' 及格 ');
else
    disp(' 不及格 ');
end
```

上述代码运行结果如下。

中等

3.1.2 switch 语句

if...else if...else 结构使用起来很麻烦，MATLAB 语言还提供 switch 语句用于实现多路分支的条件判断。其基本形式如下。

```
switch expression
    case value1
        % 当 expression 等于 value1 时执行这里的代码
    case value2
        % 当 expression 等于 value2 时执行这里的代码
    case value3
        % 当 expression 等于 value3 时执行这里的代码
    otherwise
        % 如果 expression 与所有 case 不匹配时执行这里的代码
end
```

在这个语法中：

- expression 是要进行比较的表达式；
- case 部分包含一系列可能的值，当 expression 等于这些值之一时，将执行相应的 case 代码块；
- otherwise 部分是可选的，用于处理未匹配任何 case 的情况，类似于 default 语句。

以下是一个示例，演示如何使用 switch 语句。

```
day = 'Monday';

switch day
    case 'Monday'
        disp(' 星期一 ');
    case 'Tuesday'
        disp(' 星期二 ');
    case 'Wednesday'
        disp(' 星期三 ');
    otherwise
        disp(' 其他日期 ');
end
```

上述代码运行结果如下。

星期一

3.2 循环语句

在 MATLAB 中，循环语句用于多次执行相同或类似的操作。有两种主要类型的循环：for 循环和 while 循环。以下是 MATLAB 中的循环语句的介绍。

3.2.1 for 循环

for 循环用来执行重复的任务，以下是使用 for 循环的基本语法。

```
for variable = range
    % 循环体，执行多次，每次 variable 都在 range 内取不同的值
end
```

在这个语法中：

variable 是一个迭代变量，range 是一个定义了循环次数的范围。循环会迭代 variable 的值，每次执行循环体，直到 range 内的所有值都被使用。

以下是一个示例，演示如何使用 for 循环。

```
for i = 1:5
    disp(i);  % 会依次显示 1, 2, 3, 4, 5
end
```

上述代码运行结果如下。

```
1
2
3
4
5
```

3.2.2 while 循环

while 循环用于在条件为真时重复执行代码块，直到条件变为假。它的基本语法如下。

```
while condition
    % 循环体，只要条件为真就会重复执行
end
```

在这个语法中：

condition 是一个布尔表达式，只要条件为真，就会重复执行循环体中的代码块。

以下是一个示例，演示了如何使用 while 循环。

```
count = 0;
while count < 5
```

```
        disp(count);   % 会依次显示 0, 1, 2, 3, 4
        count = count + 1;
end
```

上述代码运行结果如下。

```
0
1
2
3
4
```

3.3 跳转语句

在 MATLAB 中，跳转语句用于控制程序的执行流程，允许跳转到不同的代码部分。有三种主要类型的跳转语句：break、continue 和 return。本节我们先介绍 break 语句和 continue 语句，而 return 语句我们在 4.1 节再详细介绍。

3.3.1 break 语句

break 语句用于跳出循环，即使循环条件仍然为真。当 break 语句执行时，程序会跳出最内层的循环并继续执行循环之后的代码。这在需要提前结束循环的情况下很有用。

以下是一个示例，演示如何使用 break 语句。

```
for i = 1:10
    if i == 5
        break;   % 当 i 等于 5 时跳出循环
    end
    disp(i);
end
```

运行上述示例代码，输出结果如下。

```
1
2
3
4
```

3.3.2 continue 语句

continue 语句用于跳过当前循环迭代中的剩余代码，然后继续下一次迭代。它在某些情况下很有用，当需要跳过特定条件下的某些迭代时，可以使用continue语句。

以下是一个示例，演示如何使用continue语句。

```
for i = 1:10
    if i == 5
        continue;   % 当 i 等于 5 时跳过这次迭代，继续下一次迭代
    end
    disp(i);
end
```

运行上述示例代码，输出结果如下。

```
1
2
3
4
6
7
8
9
10
```

3.4 本章总结

本章介绍了MATLAB中的程序流程控制，包括条件语句、循环语句和跳转语句。这些控制结构允许用户根据条件执行不同的代码块、循环执行代码，以及控制循环的执行。这是编写更复杂程序的关键。

第4章 函数

函数是一组组织在一起的语句,用于执行特定的任务。MATLAB提供了许多内置函数,例如mean()、max()、sum()和strcat()等,这些内置函数可以在程序代码中直接调用。此外,MATLAB还允许用户创建和使用自定义函数,以满足特定的编程需求。

4.1 定义函数

在MATLAB中,我们可以定义自己的函数以执行特定任务。以下是定义MATLAB函数的一般步骤。

4.1.1 创建新函数文件

在此之前我们创建的.m文件都是脚本文件,为了保存定义好的函数,我们还需要创建函数文件。在MATLAB中,函数文件和脚本文件是两种不同的文件类型,它们具有不同的用途和行为。以下是函数文件和脚本文件之间的主要区别。

❶ 函数文件

函数文件包含一个或多个函数的定义。

函数文件通常具有函数头,用于指定函数的名称和输入参数,例如function output = myFunction(input)。

函数文件中的代码用于执行特定任务,并通常包含在函数体中。

函数文件允许我们封装和组织功能性代码,以便重复使用和模块化。其他脚本或函数可以调用函数文件。

函数文件通常具有与其函数名称相同的文件名,例如myFunction.m。

❷ 脚本文件

脚本文件包含一系列MATLAB命令和语句,通常没有函数定义。

脚本文件中的代码按照从上到下的顺序依次执行。

脚本文件用于执行特定的任务或操作,但不封装在函数中。

脚本文件通常用于进行数据处理、可视化、分析等任务,而不是定义函数。

脚本文件的文件名通常反映其目的或内容，但不需要与其中的代码相匹配。

因此，为定义函数，我们需要创建新函数文件。打开 MATLAB 编辑器或任何文本编辑器，创建一个以 .m 结尾的新文件，文件名应与函数名称相匹配。例如，如果函数名是 addNumbers，则文件名应为 addNumbers.m。

4.1.2 编写函数头

在函数文件中，首先编写函数的头部。MATLAB 函数的头部包括以下内容。

```
function output = myFunction(input1, input2)
```

说明如下。
- function 关键字用于定义函数。
- output 是函数的输出参数。可以定义一个或多个输出参数。
- myFunction 是函数的名称。
- input1, input2, ... 是函数的输入参数。可以定义零个或多个输入参数。

4.1.3 编写函数体和返回结果

在函数头下方编写函数体，这里包含实际执行任务的代码。示例代码如下。

```
% 函数体
% 在这里编写执行任务的代码
```

如果函数有输出参数，确保在函数体中计算并将结果存储在输出参数中。示例代码如下。

```
output = someResult;
```

以下是一个示例，演示如何使用这个语法来定义一个函数。

```
% 函数头
function result = addNumbers(a, b)

% 函数体
result = a + b;

% 没有显式的返回语句，结果将自动存储在 result 中
```

在这个示例中，函数名称是 addNumbers，有两个输入参数 a 和 b，以及一个输出参数 result。函数体包含将输入参数相加并将结果存储在输出参数中的代码。没有显式的返回语句，因为 MATLAB 会自动将结果存储在输出参数 result 中。

> 提示⚠ 在 MATLAB 中，通常不需要使用 return 语句来指定函数的返回值。与一些其他编程语

言不同，MATLAB 会自动返回函数体中的结果给调用者，而不需要显式使用 return 语句。通常，函数体中的最后一个表达式的结果将自动成为函数的返回值。例如，如果我们有以下函数。

```
function result = myFunction(a, b)
  % 函数体
  result = a + b; % 最后一个表达式
end
```

在这个示例中，result = a + b; 是函数体的最后一个表达式，因此 result 的值将成为函数的返回值。不需要显式使用 return 语句来返回结果。

然而，如果希望在函数的中间位置提前退出函数并返回结果，可以使用 return 语句。在函数中使用 return 语句的示例代码如下。

```
function result = myFunction(x)
  if x < 0
    disp('输入无效');
    result = NaN;
    return; % 终止函数执行
  end
  % 继续执行其他操作
  result = sqrt(x);
end
```

在函数中使用 return 语句可以实现程序流程的跳转，允许我们控制程序的执行流程，以满足不同的条件和需求。

4.1.4 保存文件

函数编写完成后我们就可以保存文件了，但是需要注意的是确保文件名与函数名称匹配。

4.1.5 调用函数

一旦成功保存了自定义函数文件，并确保 MATLAB 能够访问该文件（通常是在当前工作目录或 MATLAB 的搜索路径中），就可以像调用内置函数一样调用自定义函数。调用自定义函数的语法与调用内置函数非常相似，没有明显的区别。需要注意以下几点。

（1）函数名称：使用正确的函数名称来调用函数。这意味着用户需要在调用时提供函数的确切名称，包括大小写。

（2）输入参数：根据函数的定义，提供正确数量和类型的输入参数。确保输入参数与函数期望的参数匹配。

（3）输出参数：如果函数定义了输出参数，使用变量来接收结果。这将允许用户在后续的代码中访问和使用函数的计算结果。

（4）文件路径：确保 MATLAB 可以找到自定义函数文件。通常，这意味着将函数文件保存在当前工作目录或 MATLAB 的搜索路径中。如果函数文件存储在不同的文件夹中，用户可能需要添加该文件夹到 MATLAB 的搜索路径中。

以下是示例代码，演示如何调用自定义函数 addNumbers。

```
%% 调用函数
% 调用函数并传入参数
a = 5;
b = 7;
output = addNumbers(a, b);

% 输出结果
disp(output);
```

上述代码运行结果如下。

12

提示 ⚠ 在 MATLAB 中，我们可以设置搜索路径，以便 MATLAB 能够查找和访问自定义函数和脚本文件，以及其他相关文件。搜索路径指定了 MATLAB 应该在哪些文件夹中查找函数和脚本文件，包括当前工作目录和其他自定义文件夹。

在 MATLAB 中设置搜索路径最简单的方法是：在"主页"标签中的工具栏中找到 设置路径 按钮，然后单击该按钮打开下图所示的"设置路径"对话框，我们可以单击"添加文件夹..."按钮手动选择要添加到搜索路径的文件夹。只有选定的文件夹本身将被添加到搜索路径，不包括其子文件夹。这对于明确指定要包含的文件夹非常有用。

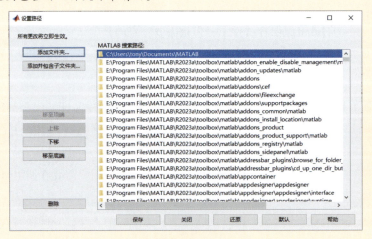

设置路径对话框

另外，我们也可以单击"添加并包含子文件夹..."按钮，选择一个包含子文件夹的文件夹。除了选定的文件夹本身，其所有子文件夹和其中的文件也将被添加到搜索路径。这对于包括整个文件夹结构及其中的所有 MATLAB 文件非常有用。

添加完成后单击"保存"按钮即可。

4.2 变量作用域

在 MATLAB 中，变量的作用域（scope）指的是变量在代码中可见和可访问的范围。了解变量的作用域对于编写有效的 MATLAB 代码非常重要，因为它会影响变量的生命周期和可访问性。MATLAB 中有两种主要的变量作用域：

（1）局部变量作用域；

（2）全局变量作用域。

下面我们详细介绍一下。

4.2.1 局部变量

局部作用域中的变量称为局部变量，只在其定义的函数或脚本内部可见和访问。这意味着局部变量仅在定义它的函数或脚本内部有效，并在函数或脚本执行完毕后被销毁。局部变量对于在函数内部临时存储和处理数据非常有用，同时不会影响其他部分的代码。

具体示例如下。

首先，创建 localVariablesExample.m 函数文件，然后在该文件中通过如下代码定义 localVariablesExample 函数。

```
% 函数定义
function localVariablesExample()
    % 定义局部变量
    localVar1 = 10;
    localVar2 = 'Hello, World!';

    % 在函数内部访问局部变量
    disp(['局部变量 localVar1 = ' num2str(localVar1)]);
    disp(['局部变量 localVar2 = ' localVar2]);
end
```

在上面的示例中，localVariablesExample 函数内部定义了两个局部变量：localVar1 和 localVar2，这些局部变量只能在函数内部使用。在函数内部，我们访问并显示了这些局部变量的值。在函数执行完毕后，这些局部变量将被销毁，因此无法在全局范围内访问它们。

尝试在全局范围中访问局部变量会导致错误，因为这类变量的作用域仅限于函数内部。这是局部变量的典型行为，它用于在函数内部存储和操作数据，而不会影响全局作用域中的其他变量。

调用代码如下。

```
% 调用函数
localVariablesExample();

% 尝试在全局范围中访问局部变量（会引发错误）
disp(['尝试访问局部变量 localVar1 = ' num2str(localVar1)]);
```

运行上述代码会发生如下错误。

```
函数或变量 'localVar1' 无法识别

出错 CH04_2_1 (第 5 行)
disp(['尝试访问局部变量 localVar1 = ' num2str(localVar1)]);
```

4.2.2 全局变量

全局作用域中的变量称为全局变量，在整个 MATLAB 工作环境中可见和可访问，包括不同的函数、脚本和命令窗口。全局变量的生命周期与 MATLAB 会话的生命周期相同，它在 MATLAB 启动后创建，并在 MATLAB 关闭前存在。全局变量通常用于存储需要在多个函数之间共享的数据。

在 MATLAB 中，变量的作用域通常遵循以下规则。

● 在函数内部定义的变量通常是局部变量，只能在该函数内部访问。

● 在函数外部（全局范围）定义的变量通常是全局变量，可以在整个 MATLAB 工作环境中访问。

● 函数可以访问全局变量，但通常不建议频繁使用全局变量，因为它可能引起命名冲突和代码维护问题。

● 在某些情况下，我们可以使用 global 关键字将全局变量引入函数的局部作用域中，但应谨慎使用，以避免不必要的复杂性。

以下是一个示例，演示全局变量的使用。在 MATLAB 中，全局变量是在函数外部定义的变量，可以在整个 MATLAB 会话中访问，而不仅限于单个函数。

首先，创建globalVariablesExample.m 函数文件，然后在该文件中通过如下代码定义globalVariablesExample 函数。

```
% 函数定义
function globalVariablesExample()
    % 声明 globalVar 为全局变量
    global globalVar;

    % 在函数内部访问全局变量
    disp(['函数内部：全局变量 globalVar = ' num2str(globalVar)]);
end
```

上述代码使用globa关键字声明 globalVar 为全局变量，这样就可以在函数内外访问和修改它。然后在脚本文件CH04_2_2.m中调用代码如下。

```
% 调用函数
globalVariablesExample();

% 在全局范围中访问全局变量
disp([' 全局范围：全局变量 globalVar = ' num2str(globalVar)]);
```

上述代码运行结果如下。

```
函数内部：全局变量 globalVar = 42
全局范围：全局变量 globalVar = 42
```

4.3 嵌套函数

嵌套函数是在一个 MATLAB 函数内定义的函数，通常用于帮助组织和封装代码，以提高代码的可读性和可维护性。

嵌套函数的主要用途如下。

（1）模块化代码：嵌套函数使代码更具模块化，将大型函数分解为更小、更易管理的部分。这有助于降低代码的复杂性，使代码更易于理解和维护。

（2）隐藏实现细节：嵌套函数的作用范围限于包含它的主函数，这意味着它的实现细节对外部代码是隐藏的。这有助于保护函数的私有数据和实现细节，同时提供公共接口供外部使用。

（3）避免全局变量：嵌套函数可以访问其父函数中的变量，而不必使用全局变量。这有助于减少全局变量的使用，提高代码的封装性和可维护性。

（4）代码重用：嵌套函数可以在同一文件中被多个函数调用，从而促进代码重用。这减少了重复编写相同代码的需要。

（5）提高代码可读性：使用嵌套函数，可以将相关的功能和操作组织成逻辑单元，提高代码的可读性。每个嵌套函数可以专注于执行特定任务，使代码更易理解。

（6）降低命名冲突的风险：由于嵌套函数的作用范围是局限的，因此它可以使用与其他函数相同的名称，而不会引起命名冲突。

嵌套函数的特点如下。

（1）嵌套函数定义在包含它的外部函数内。

（2）内部函数可以访问外部函数的局部变量和输入参数。

（3）内部函数可以独立于外部函数进行测试和调试。

以下是一个简单的示例，演示如何定义和使用嵌套函数。

首先，创建outerFunction.m函数文件，然后在该文件中通过如下代码定义outerFunction函数。

```matlab
% 外部函数定义
function outerFunction(x, y)
    % 外部函数的局部变量
    z = x + y;

    % 嵌套函数定义
    function result = innerFunction(a, b)
        % 内部函数可以访问外部函数的局部变量 z
        result = a + b + z;
    end

    % 调用嵌套函数
    innerResult = innerFunction(10, 20);

    % 显示结果
    disp(['外部函数的结果：' num2str(z)]);
    disp(['嵌套函数的结果：' num2str(innerResult)]);
end
```

在上述示例中，outerFunction 是外部函数，接受两个输入参数 x 和 y，并定义了局部变量 z。在 outerFunction 内部，我们定义了一个嵌套函数 innerFunction，它接受两个参数 a 和 b，并在计算结果时访问了外部函数的局部变量 z。

调用代码如下。

```matlab
%% 调用外部函数
outerFunction(5, 15);
```

我们调用了外部函数，并在其中调用了嵌套函数。

嵌套函数的主要优势之一是它允许将任务分解成更小的、更易管理的块，并提供更好的代码组织和可读性。这使得代码更易于理解和维护。

上述代码运行结果如下。

```
外部函数的结果：20
嵌套函数的结果：50
```

4.4 函数句柄

MATLAB 中的函数句柄是一种数据类型，用于表示函数的引用。函数句柄允许我们将函数作为参数传递给其他函数，或将函数存储在变量中以供稍后调用。这在许多情况下非常有用，例如在数值计算、优化、图形绘制等方面。

MATLAB 中的函数句柄有两种主要类型：普通函数句柄和匿名函数句柄。

下面我们详细介绍一下。

4.4.1 普通函数句柄

普通函数句柄是一种函数句柄类型，用于引用已经存在的、具有显式名称的函数。我们可以将这些函数句柄存储在变量中，以便稍后调用这些函数。以下是创建和使用普通函数句柄的示例代码。

```
% 创建一个函数，计算输入值的平方
function result = square(x)
    result = x^2;
end
```

上述函数代码是在 square.m 文件中定义的，square 函数实现了计算输入值的平方，创建 square 函数句柄的代码如下。

```
% 创建函数句柄
squareHandle = @square;                               ①

% 使用函数句柄来调用函数
inputValue = 5;
outputValue = squareHandle(inputValue);               ②

% 显示结果
disp(['输入值: ' num2str(inputValue)]);
disp(['函数句柄调用结果: ' num2str(outputValue)]);
```

代码第①行 squareHandle = @square 创建了一个名为 squareHandle 的函数句柄，它指向名为 square 的函数。这意味着 squareHandle 可以用来调用 square 函数，其中通过 @ 符号创建一个函数句柄。

代码第②行使用函数句柄 squareHandle 来调用 square 函数，并传递输入值 inputValue 作为参数。函数句柄将 inputValue 传递给 square 函数，计算输入值的平方，并将结果存储在 outputValue 变量中。

上述代码运行结果如下。

```
输入值: 5
函数句柄调用结果: 25
```

4.4.2 匿名函数句柄

匿名函数句柄是没有显式函数名称的函数，通常用于简单的、一次性的任务。它可以通过 @ 符号创建，示例代码如下。

```matlab
% 创建匿名函数，计算两个数的和
add = @(a, b) a + b;

% 使用匿名函数
result = add(3, 5);
disp(result);   % 输出 8
```

在这个示例中，add是一个匿名函数，它接受两个参数 a 和 b，并返回它们的和。我们可以像普通函数一样使用匿名函数 add(3, 5) 来计算两个数字的和。

上述代码运行结果如下。

```
8
```

4.5 本章总结

本章介绍了MATLAB中的函数，包括定义函数、变量作用域、嵌套函数及函数句柄。函数是MATLAB编程的重要组成部分，用于组织和重用代码，实现更灵活的编程。

第5章 数据导入与准备

在数据分析和建模的过程中，数据的导入和准备是至关重要的步骤。本章将介绍如何在MATLAB中有效地进行数据导入与准备，从不同的数据源获取数据并为后续分析做好准备。

5.1 数据导入方法

在MATLAB中，我们可以使用多种方法来导入数据，具体取决于数据的来源和格式。以下是一些常用的数据导入方法：

- 从CSV文件导入数据；
- 从Excel文件导入数据；
- 从数据库导入数据；
- 从其他数据格式文件导入数据

下面我们分别介绍一下。

5.1.1 从CSV文件导入数据

CSV文件是一种常见的文件格式，它代表逗号分隔值（Comma-Separated Values）。CSV文件是一种纯文本文件，其中的数据以逗号为分隔符进行字段的分隔。每行数据代表一条记录，而每个字段则在该行内通过逗号进行分隔。

CSV文件的优点是它的简单性和广泛支持性。它可以使用任何文本编辑器进行创建和编辑，并且可以被许多软件应用程序和编程语言轻松读取和处理。CSV文件通常用于存储表格数据，例如电子表格数据、数据库导出数据等。

以下是一个包含表头和三行数据的简单示例。

```
姓名,年龄,性别
爱丽丝,25,女
鲍勃,30,男
查理,35,男
```

我们需要将 CSV 代码复制到文本编辑器中，如图 5-1 所示。

然后将文件保存为 .csv 文件格式，如图 5-2 所示。

保存好 CSV 文件之后，我们可以使用 Excel 和 WPS 等 Office 工具打开，图 5-3 所示的是使用 Excel 打开 CSV 文件。

另外，在保存 CSV 文件时，要注意字符集问题！如果是在简体中文系统下，推荐字符集选择 ANSI，ANSI 在简体中文系统中就是 GBK 编码。如果不能正确选择字符集则会有中文乱码，图 5-4 所示的是采用 Excel 工具打开 UTF-8 编码的 CSV 文件出现中文乱码的情况，而采用 WPS 工具则不会有乱码。

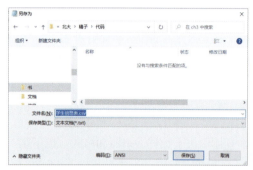

图 5-1　在记事本中编写 CSV 代码

图 5-2　保存 CSV 文件　　图 5-3　使用 Excel 打开 CSV 文件　　图 5-4　CSV 文件乱码

我们可以使用 readtable 函数来读取 CSV 文件，或者使用 csvread 函数来读取数值数据。使用这两个函数的区别如下。

❶ **readtable 函数**

● 用途：readtable 函数适用于读取包含混合数据类型（包括文本和数值）的 CSV 文件，并将其导入为 MATLAB 表格。

● 列名：readtable 会自动将 CSV 文件的第一行用作列名，以便更容易理解和操作数据。

● 灵活性：MATLAB 表格结构允许更灵活的数据访问和操作，包括筛选、分组和汇总数据。

readtable 函数的语法如下。

```
T = readtable(filename)
T = readtable(filename, Name, Value)
```

其中：

● T 是一个表格数据结构，用于存储从文件中读取的数据；

● filename 是要读取的文件的路径和名称；

● Name, Value 是一些可选的名称-值对，用于指定额外的选项，例如指定要读取的工作表、跳过的行数等。

❷ **csvread 函数**

● 用途：csvread 函数适用于读取仅包含数值数据的 CSV 文件，并将其导入为 MATLAB 数值矩阵。

● 数据类型：适用于纯数值数据，不支持文本列。

- 列名：不支持列名，只导入数值部分。
- 数据结构：导入的数据以数值矩阵的形式存储，适用于数值分析和计算。

csvread 函数的语法如下。

```
M = csvread(filename)
M = csvread(filename, R1, C1)
M = csvread(filename, R1, C1, R2, C2)
```

其中：
- M 是包含从 CSV 文件中读取的数值数据的矩阵；
- filename 是要读取的 CSV 文件的路径和名称；
- R1、C1、R2、C2 是可选的参数，用于指定要读取的数据范围的行和列。

注意 ⚠ csvread 函数仅适用于读取数值数据，并不用于读取包含文本或混合数据的 CSV 文件。如果需要读取包含文本的 CSV 文件，通常更推荐使用 readtable 函数，因为它能够更灵活地处理不同类型数据。

5.1.2 示例：读取 mtcars.csv

下面我们通过一个示例介绍如何使用 readtable 函数和 csvread 函数读取 CSV 文件，本例中的 mtcars.csv 文件来自 R 语言内置数据集 mtcars，该数据集包含有关不同汽车型号的性能和规格信息。mtcars.csv 文件内容如图 5-5 所示。

mtcars.csv 文件每一行代表一种汽车型号，每一列代表不同的性能和规格指标。以下是文件中的各列含义。

- mpg：每加仑的行驶英里数（英里/加仑），这是汽车的燃油效率指标。
- cyl：发动机气缸数，表示汽车的发动机性能和类型。
- disp：发动机排量（立方英寸），这是发动机的大小指标。
- hp：马力，表示发动机的功率。
- drat：后桥齿轮比，影响汽车的加速性能。
- wt：汽车的重量（千磅）。
- qsec：四分之一英里加速时间（秒），这是汽车的性能指标。
- vs：V/S（V 型发动机/直列发动机）

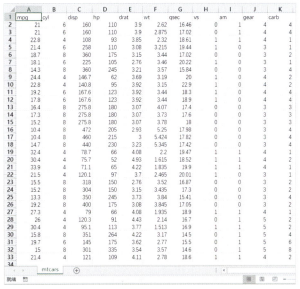

图 5-5 mtcars.csv 文件内容

指标，表明发动机类型。

- am：AM（自动/手动变速器）指标，表示汽车的变速器类型。
- gear：挡位数，表示汽车的变速器挡位数量。
- carb：化油器数量，表示汽车的燃油供应系统。

❶ 使用 readtable 函数读取 CSV 文件

代码如下。

```
% 创建文件路径
filePath = 'mtcars.csv';                    ①
data1 = readtable(filePath);                ②

% 显示前几行数据
disp(data1(1:5, :)); % 显示前 5 行数据        ③
```

代码第①行设置了文件路径变量filePath，它包含要读取的CSV文件的路径。文件名为mtcars.csv，而这个文件位于data子目录中。

代码第②行使用readtable函数从指定的CSV文件路径filePath读取数据，并将数据存储在名为data1的表格变量中。

代码第③行使用disp函数显示从data1表格中提取的前5行数据。data1(1:5, :)用于提取表格中的前5行和所有列的数据。

> **注意** ⚠ data子目录应位于MATLAB工作目录中，或添加到搜索目录中。

上述代码执行后，输出结果如图5-6所示。

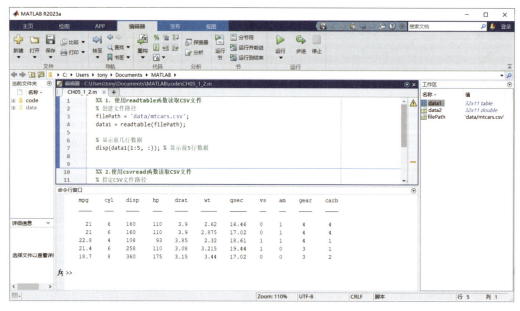

图5-6 输出结果

从图5-6可见，输出的信息是一个表格，但这并不方便我们查看数据，那么我们也可以双击"工作区"data1变量，然后打开如图5-7所示的查看变量窗口。

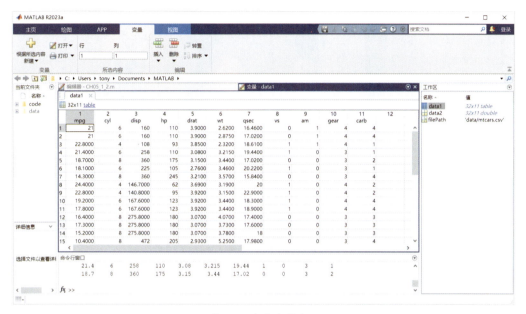

图5-7 查看变量窗口

从图5-7可见，通过查看变量窗口查看这种表格变量非常方便。如果想以更加沉浸的方式查看变量，我们可以取消变量窗口的停靠，具体步骤是选中窗口，然后按【Ctrl+Shift+U】组合键，则看到如图5-8所示的取消停靠窗口。

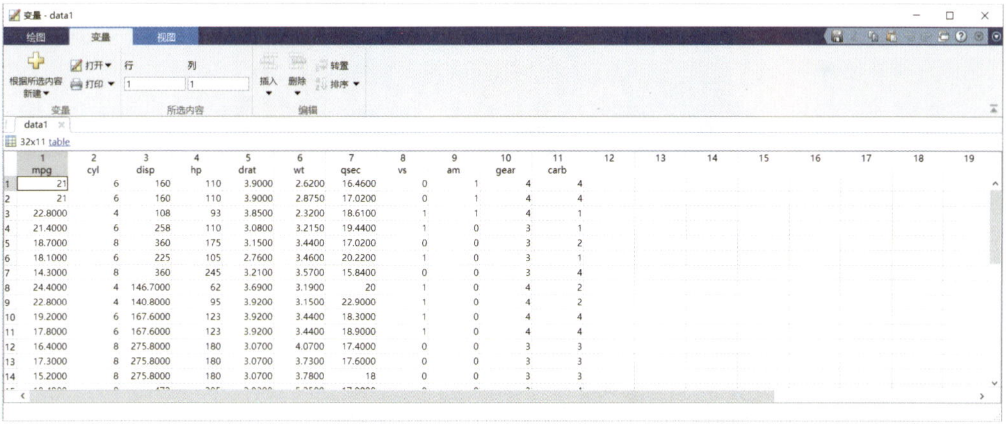

图5-8 取消停靠窗口

❷ **使用csvread函数读取CSV文件**

代码如下。

```
% 指定CSV文件路径
filePath = 'mtcars.csv';
```

```
% 使用 csvread 函数读取 CSV 文件
data2 = csvread(filePath, 1, 0); % 从第 2 行读取数据，第 1 列作为标头行          ①

% 显示读取的数据
disp(data2);                                                                      ②
```

代码第①行使用csvread函数从指定文件中读取数据。函数的第一个参数是文件路径 filePath，第二个参数 1 表示从第2行开始读取数据（跳过了第1行，即标题行），第三个参数 0 表示将第1列作为标头行。

代码第②行使用disp函数来显示读取的数据，data2 包含从CSV文件中读取的数据。

上述代码运行完成后，我们从变量窗口中查看data2变量，如图5-9所示。

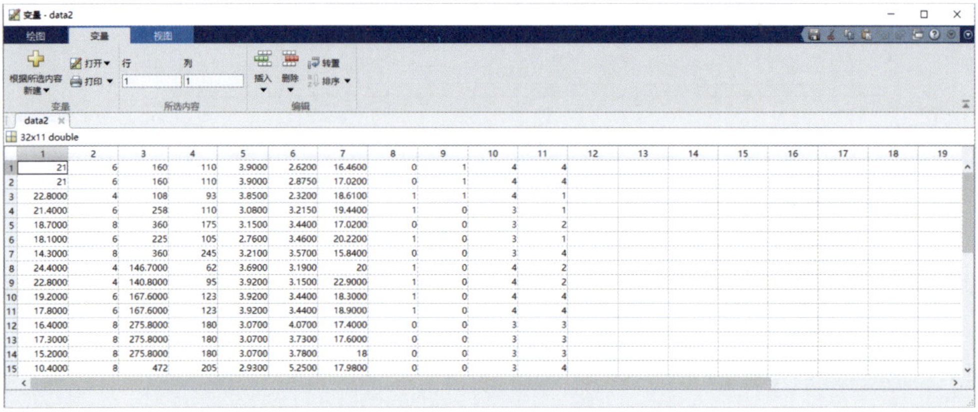

	1	2	3	4	5	6	7	8	9	10	11
1	21	6	160	110	3.9000	2.6200	16.4600	0	1	4	4
2	21	6	160	110	3.9000	2.8750	17.0200	0	1	4	4
3	22.8000	4	108	93	3.8500	2.3200	18.6100	1	1	4	1
4	21.4000	6	258	110	3.0800	3.2150	19.4400	1	0	3	1
5	18.7000	8	360	175	3.1500	3.4400	17.0200	0	0	3	2
6	18.1000	6	225	105	2.7600	3.4600	20.2200	1	0	3	1
7	14.3000	8	360	245	3.2100	3.5700	15.8400	0	0	3	4
8	24.4000	4	146.7000	62	3.6900	3.1900	20	1	0	4	2
9	22.8000	4	140.8000	95	3.9200	3.1500	22.9000	1	0	4	2
10	19.2000	6	167.6000	123	3.9200	3.4400	18.3000	1	0	4	4
11	17.8000	6	167.6000	123	3.9200	3.4400	18.9000	1	0	4	4
12	16.4000	8	275.8000	180	3.0700	4.0700	17.4000	0	0	3	3
13	17.3000	8	275.8000	180	3.0700	3.7300	17.6000	0	0	3	3
14	15.2000	8	275.8000	180	3.0700	3.7800	18	0	0	3	3
15	10.4000	8	472	205	2.9300	5.2500	17.9800	0	0	3	4

图5-9　查看data2变量

5.2 从Excel文件导入数据

在 MATLAB 中，我们可以使用不同的函数从Excel文件导入数据。常用的函数包括xlsread和readtable。

readtable函数我们在5.1节已经使用过了，该函数本节不再赘述，下面重点介绍xlsread函数，其特点如下。

- 返回一个数值矩阵，不会返回列标签。
- 主要用于读取Excel文件中的数值数据，不擅长读取文本数据。
- 通常需要指定要读取的数据范围，包括工作表名称、索引及数据范围。
- 通常需要额外的处理来处理数据类型和列标签。

xlsread函数的语法如下。

```
[num, txt, raw] = xlsread(filename)
```

```
[num, txt, raw] = xlsread(filename, sheet)
[num, txt, raw] = xlsread(filename, sheet, range)
```

其中：
- num 是一个包含数值数据的矩阵；
- txt 是一个包含文本数据的单元格数组；
- raw 是一个包含原始数据的混合单元格数组；
- filename 是要读取的 Excel 文件的路径和名称；
- sheet 是要读取的工作表的名称或索引；
- range 是要读取的数据范围。

请注意，这些函数还有其他更多的选项和输出参数，可以根据具体需求来使用。读者可以在 MATLAB 帮助文档中查找相关的详细信息和示例。

> **提示** ⚠ xlsread 函数和 readtable 函数选择使用哪个取决于自己的具体需求。如果只需要将 Excel 数据读取到 MATLAB 中，并不需要进行复杂的数据分析，那么 xlsread 函数可能足够。如果需要更多的数据操作和分析功能，包括数据筛选、统计分析和可视化，那么 readtable 函数可能更有用。

示例：从 Excel 文件读取全国总人口 20 年数据

下面我们通过一个示例介绍如何使用 xlsread 函数和 readtable 函数读取 Excel 文件。

案例背景

笔者从数据来源国家统计局网站下载了"全国总人口20年数据.xls"文件，内容如图5-10所示。

❶ 使用 readtable 函数读取文件

代码如下。

```
% 指定数据文件路径
filePath = 'data/全国总人口20年数据.xls';

% 指定要读取的数据范围
range = 'B4:F23';

% 使用 readtable 函数读取指定范围的数据
data = readtable(filePath, 'Range', ...
        range);

% 显示数据
disp(data);
```

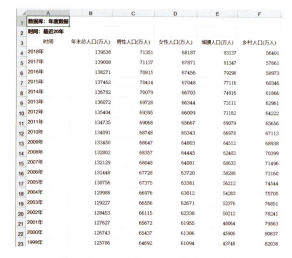

图 5-10 全国总人口 20 年 Excel 数据

这段代码使用 readtable 函数读取 B4:F23 范围的数据，上述代码运行完成后，我们在变量窗口中查看 data 变量，如图5-11所示。

从运行结果可见，列名是 Var1、Var2、Var3、Var4 和 Var5，这是因为 readtable 函数默认情况下会使用这些变量名来代表没有指定列名的列。在没有指定列名的情况下，readtable 会自动分配这些默认的变量名。

❷ 使用 xlsread 函数读取文件

代码如下。

```
% 指定数据文件路径
filePath = 'data/全国总人口20年数据.xls';

% 指定要读取的数据范围（从第 4 行到第 N 行，其中 N 为您想要读取的最后一行）
dataRange = 'B4:F23';
% 使用 xlsread 函数读取数据
[num, txt, raw] = xlsread(filePath, dataRange);
```

上述代码调用 xlsread 函数返回 num, txt, 和 raw 这三个变量，具体说明如下：

● num 包含从 Excel 文件中读取的数值数据；
● txt 包含文本数据；
● raw 包含原始数据，包括数值和文本。

这段代码的目的是从指定的数据范围中读取 Excel 文件中的数据，并将其存储在这些变量中以供进一步处理和分析。

上述代码运行完成后，我们在变量窗口中查看 num 变量，如图 5-12 所示。

在变量窗口中查看 raw 变量，如图 5-13 所示。

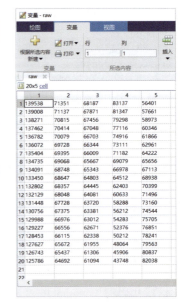

图 5-11　查看 data 变量　　　图 5-12　查看 num 变量　　　图 5-13　查看 raw 变量

txt 变量没有数据，这里不再查看，请读者自己参考 txt 变量内容。

5.3 从数据库导入数据

MATLAB 是一种强大的数学和工程计算软件,它具有广泛的功能,包括从数据库导入数据的能力。用户可以使用 MATLAB 来连接各种类型的数据库系统,执行 SQL 查询,并将查询结果导入 MATLAB 中进行进一步分析和可视化。

以下是从数据库导入数据到 MATLAB 的一般步骤。

5.3.1 建立数据库连接

在 MATLAB 中,用户可以使用不同的工具箱和方法来建立与数据库的连接。最常用的方式是使用 MATLAB Database Toolbox 或 Java Database Connectivity (JDBC)。

但是如果我们采用的是 SQLite 数据库,我们可以使用 MATLAB 的内置功能与 SQLite 数据库进行交互,而不依赖 Database Toolbox。

使用 MATLAB 内置的 sqlite() 函数来建立数据库连接,该函数的一般语法如下。

```
conn = sqlite(databaseName, mode);
```

其中参数说明如下。

- databaseName:数据库文件的名称或路径。我们需要提供 SQLite 数据库文件的路径或名称。如果文件不在 MATLAB 当前工作目录中,应该提供完整的路径。
- mode:连接模式。我们可以使用 readonly 或 readwrite 模式,具体取决于我们是要只读还是读写数据库。

例如,要创建一个到名为"mydatabase.db"的 SQLite 数据库文件的读写连接,那么可以执行以下代码。

```
conn = sqlite('mydatabase.db', 'readwrite');
```

5.3.2 执行查询

一旦与数据库建立连接,我们可以使用 SQL 查询从数据库中检索数据。我们可以编写标准的 SQL 查询语句,例如 SELECT 查询,以获取需要的数据。可以使用 MATLAB 提供的 fetch 函数执行 SELECT 查询,代码如下所示。

```
query = 'SELECT * FROM myTable';    % 你的查询语句
result = fetch(conn, query);         % 执行查询
```

获取查询结果 result,通常是一个 MATLAB 数据结构(如表格),然后对数据进行处理。根据数据库类型和查询结果的结构,我们可能需要使用适当的函数来解析和处理数据。

5.3.3 关闭数据库连接

当完成了查询和数据处理后，关闭数据库连接以释放资源。可以使用 close() 函数来关闭数据库连接，代码如下所示。

```
% 关闭数据库连接
close(conn);
```

5.3.4 示例：从 SQLite 数据库读取苹果股票数据

下面我们通过一个示例介绍如何读取 SQLite 数据库数据。

示例背景

笔者曾经收集了纳斯达克苹果公司的股票数据，并保存到 SQLite 数据库中，数据库文件是 NASDAQ_DB.db，使用 SQLite 管理工具（DB Browser for SQLite）打开文件，如图 5-14 所示。

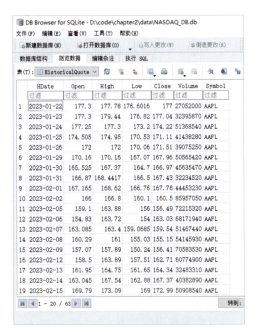

图 5-14 NASDAQ_DB.db 数据库数据

> **提示** ⚠ DB Browser for SQLite 工具的具体使用方法这里不再赘述，读者可以自己搜索下载或从本书配套的工具中找到。

具体实现代码如下。

```
% 创建数据库连接
conn = sqlite('data/NASDAQ_DB.db');                        ①
% 执行查询
query = 'SELECT CAST(HDate AS TEXT) AS date_text,Open,High,Low,Close,Volume,
Symbol FROM HistoricalQuote';                              ②
result = fetch(conn, query);
% 处理查询结果
disp(result)

% 关闭数据库连接
close(conn);
```

代码第①行使用 sqlite 函数连接到名为 NASDAQ_DB.db 的 SQLite 的数据库，该数据文件位于 data 文件夹，我们需要保证 data 文件夹位于 MATLAB 的当前工作目录下。

代码第②行声明用于查询的 SQL 语句，其中使用 SQL 的 CAST 函数，该函数实现将 Hdate 字段值转换为字符串表示的日期值。

代码执行后会在命令行窗口输出如下查询结果。

```
    date_text       Open      High       Low      Close      Volume      Symbol
  ____________    ______    ______    ______    _____    __________    ______

  "2023-01-22"     177.3    177.78     176.6     177      27052000     "AAPL"
  "2023-01-23"     177.3    179.44    176.82     177      32395870     "AAPL"
...
  "2023-04-18"    177.81    178.82    176.88     177      20544600     "AAPL"
  "2023-04-19"    174.95    175.39    172.66     172      34693280     "AAPL"
  "2023-04-20"    170.59    171.22    165.43     165      65270950     "AAPL"
```

由于数据量比较大，在命令行窗口查看结果非常不方便，我们可以通过查看变量窗口查看，如图5-15所示。

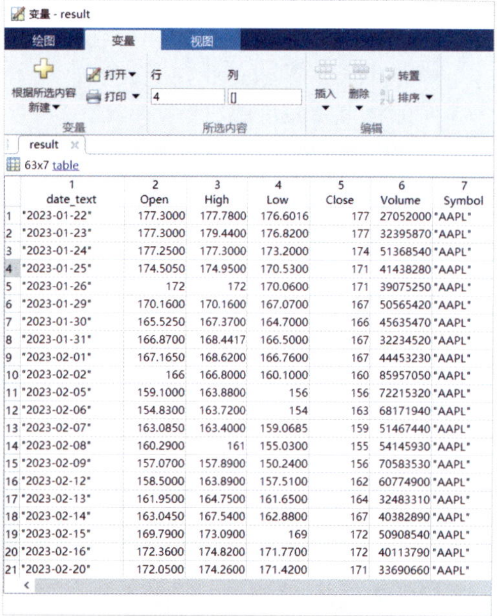

	1 date_text	2 Open	3 High	4 Low	5 Close	6 Volume	7 Symbol
1	"2023-01-22"	177.3000	177.7800	176.6016	177	27052000	"AAPL"
2	"2023-01-23"	177.3000	179.4400	176.8200	177	32395870	"AAPL"
3	"2023-01-24"	177.2500	177.3000	173.2000	174	51368540	"AAPL"
4	"2023-01-25"	174.5050	174.9500	170.5300	171	41438280	"AAPL"
5	"2023-01-26"	172	172	170.0600	171	39075250	"AAPL"
6	"2023-01-29"	170.1600	170.1600	167.0700	167	50565420	"AAPL"
7	"2023-01-30"	165.5250	167.3700	164.7000	166	45635470	"AAPL"
8	"2023-01-31"	166.8700	168.4417	166.5000	167	32234520	"AAPL"
9	"2023-02-01"	167.1650	168.6200	166.7600	167	44453230	"AAPL"
10	"2023-02-02"	166	166.8000	160.1000	160	85957050	"AAPL"
11	"2023-02-05"	159.1000	163.8800	156	156	72215320	"AAPL"
12	"2023-02-06"	154.8300	163.7200	154	163	68171940	"AAPL"
13	"2023-02-07"	163.0850	163.4000	159.0685	159	51467440	"AAPL"
14	"2023-02-08"	160.2900	161	155.0300	155	54145930	"AAPL"
15	"2023-02-09"	157.0700	157.8900	150.2400	156	70583530	"AAPL"
16	"2023-02-12"	158.5000	163.8900	157.5100	162	60774900	"AAPL"
17	"2023-02-13"	161.9500	164.7500	161.6500	164	32483310	"AAPL"
18	"2023-02-14"	163.0450	167.5400	162.8800	167	40382890	"AAPL"
19	"2023-02-15"	169.7900	173.0900	169	172	50908540	"AAPL"
20	"2023-02-16"	172.3600	174.8200	171.7700	172	40113790	"AAPL"
21	"2023-02-20"	172.0500	174.2600	171.4200	171	33690660	"AAPL"

图5-15 查看变量窗口

5.4 从其他数据格式文件导入数据

除了上述我们介绍的CSV、Excel和数据库外，在MATLAB中我们还会使用JSON和MAT文件等。下面我们详细介绍一下。

5.4.1 读取JSON数据

JSON（JavaScript Object Notation）文件是一种常见的数据交换格式，它以文本形式表示结构化数据。

如下JSON代码包含有关不同城市（北京、上海、广州）在2018年的空气质量分析数据。每个城市的数据是一个JSON对象，包括城市名称（City）和不同污染物（PM2.5、PM10、SO_2、CO）的浓度（Concentration）。

```
[
  {
    "City": "北京",
    "Year": 2018,
    "PM2.5_Concentration": 25,
    "PM10_Concentration": 40,
    "SO2_Concentration": 10,
    "CO_Concentration": 5
```

```
    },
    {
        "City": "上海",
        "Year": 2018,
        "PM25_Concentration": 35,
        "PM10_Concentration": 50,
        "SO2_Concentration": 15,
        "CO_Concentration": 8
    },
    {
        "City": "广州",
        "Year": 2018,
        "PM25_Concentration": 45,
        "PM10_Concentration": 60,
        "SO2_Concentration": 20,
        "CO_Concentration": 10
    }
]
```

> **提示** ⚠ 在JSON数据中：
>
> 大括号（{}）表示一个JSON对象，其中包含键值对（key-value pairs）的集合。每个键值对由一个键（key）和一个关联的值（value）组成，键和值之间用冒号（:）分隔，键值对之间用逗号（,）分隔。JSON对象用于表示具有命名字段的数据。
>
> 中括号（[]）表示一个JSON数组，其中包含值的有序集合。JSON数组允许用户将多个值按照一定的顺序进行组织。数组中的每个值可以是一个标量（如数字、字符串、布尔值）或另一个JSON对象或JSON数组。JSON数组通常用于表示多个相似的数据项，例如一组记录或一组数据点。

在MATLAB中从JSON文件导入数据可以使用jsondecode函数，示例代码如下。

```matlab
% 读取 JSON 文件
jsonStr = fileread('data/air_quality_analysis.json');                ①
% 使用 jsondecode 函数将 JSON 字符串解码为 MATLAB 结构
data = jsondecode(jsonStr);                                          ②

% 访问和操作解码后的数据
for i = 1:length(data)                                               ③
    city = data(i).City;
    year = data(i).Year;
    pm25 = data(i).PM25_Concentration;
    pm10 = data(i).PM10_Concentration;
    so2 = data(i).SO2_Concentration;
    co = data(i).CO_Concentration;
```

```
        fprintf('City: %s, Year: %d\n', city, year);
        fprintf('PM2.5: %d, PM10: %d, SO2: %d, CO: %d\n', pm25, pm10, so2, co);
        fprintf('\n');
end
```

上述主要代码解释如下。

代码第①行从文件中读取JSON数据并将其存储在jsonStr变量中。

代码第②行使用jsondecode函数将JSON字符 jsonStr解码为MATLAB结构体，将结果存储在名为data的结构体数组中。

代码第③行循环遍历data结构体数组，对每个城市的空气质量数据执行以下操作：

（1）从结构体中提取城市名（City）和年份（Year）；

（2）从结构体中提取PM2.5、PM10、SO_2 和 CO 浓度数据；

（3）使用fprintf函数打印城市名、年份及4种不同污染物的浓度数据，其中%s和%d是格式说明符，用于格式化字符串和数字的输出。

上述代码运行后，输出结果如下。

```
City: 北京, Year: 2018
PM2.5: 25, PM10: 40, SO2: 10, CO: 5

City: 上海, Year: 2018
PM2.5: 35, PM10: 50, SO2: 15, CO: 8

City: 广州, Year: 2018
PM2.5: 45, PM10: 60, SO2: 20, CO: 10
```

在查看变量窗口查看data变量，如图5-16所示。

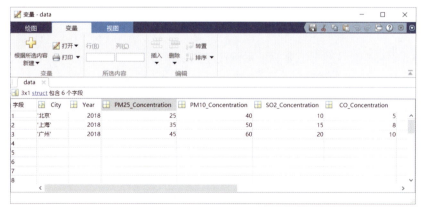

图5-16　查看data变量窗口

5.4.2 读取XML数据

XML（Extensible Markup Language）是一种用于存储和交换数据的文本格式。它是一种标记语言，用于描述数据的结构和内容。XML文件包含各种数据，这些数据使用标签和元素来标识和组织。每个XML元素都由一个开始标签、元素内容和结束标签组成，如下所示。

```xml
<?xml version="1.0" encoding="UTF-8"?>
<AirQualityData>
  <City name="北京">
    <Year>2018</Year>
    <PM2.5_Concentration>25</PM25_Concentration>
    <PM10_Concentration>40</PM10_Concentration>
    <SO2_Concentration>10</SO2_Concentration>
    <CO_Concentration>5</CO_Concentration>
  </City>
  <City name="上海">
    <Year>2018</Year>
    <PM2.5_Concentration>35</PM25_Concentration>
    <PM10_Concentration>50</PM10_Concentration>
    <SO2_Concentration>15</SO2_Concentration>
    <CO_Concentration>8</CO_Concentration>
  </City>
  <City name="广州">
    <Year>2018</Year>
    <PM2.5_Concentration>45</PM25_Concentration>
    <PM10_Concentration>60</PM10_Concentration>
    <SO2_Concentration>20</SO2_Concentration>
    <CO_Concentration>10</CO_Concentration>
  </City>
</AirQualityData>
```

在MATLAB中从XML文件导入数据的示例代码如下。

```matlab
%% 读取 XML 文件
xmlFile = 'data/air_quality_analysis.xml';
% 使用 xmlread 函数解析 XML 文件
doc = xmlread(xmlFile);

% 获取根元素（AirQualityData）
root = doc.getDocumentElement();

% 获取 City 元素的节点列表
cityNodes = root.getElementsByTagName('City');
```

```matlab
% 初始化一个结构数组,用于存储城市数据
cityData = struct();
% 遍历每个 City 元素
for i = 0:cityNodes.getLength - 1
    cityNode = cityNodes.item(i);
    
    % 获取城市的名称属性
    cityName = char(cityNode.getAttribute('name'));
    
    % 获取 Year、PM2.5_Concentration、PM10_Concentration、SO2_Concentration 和 CO_Concentration 的值
    year = str2double(cityNode.getElementsByTagName('Year').item(0).getTextContent());
    PM2.5 = str2double(cityNode.getElementsByTagName('PM25_Concentration').item(0).getTextContent());
    PM10 = str2double(cityNode.getElementsByTagName('PM10_Concentration').item(0).getTextContent());
    SO2 = str2double(cityNode.getElementsByTagName('SO2_Concentration').item(0).getTextContent());
    CO = str2double(cityNode.getElementsByTagName('CO_Concentration').item(0).getTextContent());
    
    % 存储城市数据到结构数组
    cityData(i+1).name = cityName;
    cityData(i+1).year = year;
    cityData(i+1).PM25_Concentration = PM2.5;
    cityData(i+1).PM10_Concentration = PM10;
    cityData(i+1).SO2_Concentration = SO2;
    cityData(i+1).CO_Concentration = CO;
end
```

上述代码运行后,在查看变量窗口查看cityData变量,如图5-17所示。

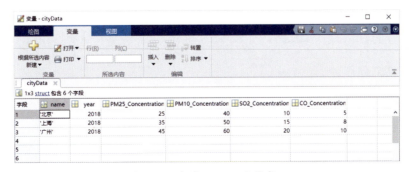

图5-17 查看cityData变量窗口

5.4.3 读写mat数据

mat是MATLAB自己的基于二进制的专有的数据文件格式，用来保存MATLAB中的数据，包括矩阵、数组、字符串等。

mat文件的主要特点包括：

（1）可以方便地保存MATLAB的任意数据，包括多维数组、结构数组等复杂数据；

（2）数据以压缩的二进制格式保存，文件体积小；

（3）通过mat文件可以轻松地在MATLAB和其他语言间交换数据；

（4）使用MATLAB的save函数和load函数可以非常方便地读写mat文件。

mat是MATLAB默认的数据交换格式，也是推荐的存储和加载MATLAB数据的格式。与文本或CSV文件相比，mat文件存储更为紧凑，且保留了完整的数据类型信息。

在需要在MATLAB和其他环境间交换数据时，使用mat文件格式可以高效实现数据的导入导出。

读写mat数据的示例代码如下。

```matlab
%% 生成并保存数据
data = rand(5);    % 创建随机数据                        ①
save('data.mat','data');  % 保存到MAT文件                ②

%% 清空工作空间
clear;                                                   ③

%% 从MAT文件加载数据
load('data.mat');  % 加载数据，不指定变量名              ④

newdata = data;    % 将data赋值到新变量

%% 数据处理和显示
plot(newdata);                                           ⑤
xlabel('x');
ylabel('y');

msg = sprintf('最大值:%f',max(newdata));                 ⑥
disp(msg);

%% 保存修改后的数据
save('newdata.mat','newdata');                           ⑦
```

这个代码片段演示了如何生成、保存、加载、处理和显示MATLAB中的数据。此外，它还演示了如何清空工作空间以释放之前的数据，并保存新的数据以供以后使用。

上述主要代码解释如下。

代码第①行rand(5)生成一个5×5的随机数据矩阵并存储在变量data中。

代码第②行使用 save 函数将数据保存到名为 data.mat 的 mat 文件中，此时我们可以看到在当前工作目录下生成了 data.mat 文件。

代码第③行使用 clear 清空 MATLAB 工作空间，以删除之前加载的数据和变量。

代码第④行使用 load 函数从 data.mat 文件加载数据，这不需要指定变量名，因为 mat 文件中只包含一个变量。将加载的数据存储在名为 newdata 的新变量中。

代码第⑤行使用 plot 函数绘制 newdata 中的数据。

代码第⑥行使用 sprintf 打印矩阵 newdata 最大，使用 max(newdata) 时，MATLAB 默认按列计算最大值，因此返回的是每一列的最大值。

代码第⑦行使用 save 函数将 newdata 变量保存到名为 newdata.mat 的 mat 文件中。

5.5 使用 MATLAB 数据集

通过之前的介绍，我们已经了解了如何从不同格式的文件加载数据，并将其转换为 MATLAB 数据结构。这意味着这些文件本身可以称为"数据集"，我们可以使用 MATLAB 来探索、分析和利用这些数据集。

此外，我们还可以使用 MATLAB 提供的一些数据集，下面我们就来介绍这些数据集。

5.5.1 MATLAB 内置数据集

MATLAB 中内置了许多实际数据集，可以直接调用来进行机器学习和数据分析，本小节介绍几个常用的 MATLAB 数据集。

（1）carsmall：这个数据集包含一些小型汽车的信息，如马力、重量、燃油效率等。

（2）fisheriris：这是一个经典的鸢尾花数据集，包含三个不同种类的鸢尾花的测量数据。

（3）hospital：这个数据集包含医院病人的一些信息，如年龄、性别、身高、体重等。

这些示例数据集可以在 MATLAB 中直接访问，无须下载或导入。我们可以使用这些数据集来演示和测试不同的 MATLAB 功能和技术。要访问这些数据集，只需在 MATLAB 中键入相应的数据集名称即可，加载这些数据集的示例代码如下。

```
load carsmall
```

加载数据集成功，我们可以通过查看工作区窗口以了解数据变量，如图 5-18 所示，其中可见有 10 个变量：Acceleration, Cylinders, Displacement, Horsepower, Mfg, Model, Model_Year, MPG, Origin, Weight。

carsmall 数据集的主要信息和一些示例字段如下。
- Acceleration：汽车的加速度。
- Cylinders：汽车引擎中的气缸数量。

- Displacement：排气量。
- Horsepower：引擎的马力。
- Mfg：制造商。
- Model：汽车型号。
- Model_Year：汽车的生产年份。
- MPG：燃油效率。
- Origin：汽车的制造地点或国家。
- Weight：汽车的重量。

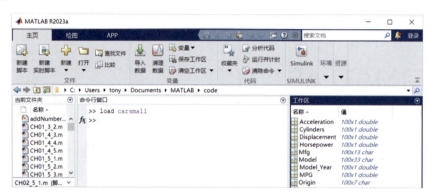

图 5-18　加载 carsmall 数据集

> **提示** ⚠ 内置数据集与 MATLAB 的版本有关系，上面介绍的数据集是基于 MATLAB R2023a 版本。

5.5.2 统计与机器学习工具箱数据集

处理 MATLAB 内置的数据集，我们可以选择 MATLAB 扩展的数据集或第三方提供的数据集。本小节我们介绍如何使用统计与机器学习工具箱数据集（Statistics and Machine Learning Toolbox），这些数据集旨在支持各种统计分析和机器学习任务。通过使用这些数据集，我们可以进行各种实验、测试模型、学习算法等，以提升自己的数据分析和机器学习技能。

统计与机器学习工具箱数据集包含的数据集如下表所示。

统计与机器学习工具箱数据集包含的数据集

文件	数据集的描述
acetylene.mat	具有相关预测变量的化学反应数据
carbig.mat	汽车的测量值，1970—1982
carsmall.mat	carbig.mat 的子集。汽车的测量值，1970、1976、1982
census1994.mat	来自 UCI 机器学习存储库的成人数据
cereal.mat	早餐谷物成分
cities.mat	美国大都市地区的生活质量评分

续表

文件	数据集的描述
discrim.mat	用于判别分析的 cities.mat 版本
examgrades.mat	0~100 分的考试成绩
fisheriris.mat	Fisher 1936 年的鸢尾花数据
flu.mat	Google 流感趋势估计的美国不同地区的 ILI（流感样疾病）百分比，疾病预防控制中心根据哨点提供商报告对 ILI 百分比进行了加权
gas.mat	1993 年马萨诸塞州的汽油价格
hald.mat	水泥发热与原料混合
hogg.mat	牛奶的不同配送方式中的细菌数量
hospital.mat	仿真的医疗数据
imports-85.mat	1985 年来自 UCI 存储库的自动导入数据库
ionosphere.mat	来自 UCI 机器学习存储库的电离层数据集
kmeansdata.mat	四维聚类数据
lawdata.mat	15 所法学院的平均分数和 LSAT 分数
mileage.mat	两家工厂的三种汽车型号的里程数据
moore.mat	关于五个预测变量的生化需氧量
morse.mat	非编码人员对莫尔斯电码的识别情况
parts.mat	36 个圆形零件的大小偏差
polydata.mat	多项式拟合的样本数据
popcorn.mat	爆米花机型和品牌的爆米花产出
reaction.mat	豪根-瓦特森模型的反应动力学
stockreturns.mat	仿真的股票回报

要使用这些数据集，可以使用 MATLAB 中的 load 函数将数据加载到工作区中，具体的代码如下。

```
load filename
```

例如，加载 fisheriris.mat 数据集的代码如下。

```
load fisheriris.mat
```

加载成功后，我们就可以使用这些数据集中的变量了。

5.6 本章总结

本章重点介绍了 MATLAB 中的数据导入与准备方法。我们学习了如何从不同来源的数据文件（如 CSV、Excel、数据库等）中导入数据，以及如何处理其他格式数据（如 JSON、XML 和 MAT 文件）。此外，我们还了解了 MATLAB 内置数据集和统计与机器学习工具箱数据集的使用方法。

这些工具和方法为 MATLAB 用户提供了丰富的数据处理和准备选项，为后续的数据分析和建模提供了便捷的数据来源。

第6章 科技绘图基础

绘图是数据可视化的关键，它有助于将复杂的信息转化为清晰的图形，使人们更容易理解和分析数据。通过本章的学习，我们将掌握MATLAB绘图的基本原理和技巧，可以创建各种类型的科技图形，为数据提供有力的表现力。

6.1 MATLAB基本绘图概念

MATLAB是一种高级数值计算和数据可视化软件，它提供了丰富的绘图功能，用于可视化数据和分析结果。下面是一些MATLAB基本绘图概念。

（1）图形对象（Graphics Objects）：在MATLAB中，图形是通过图形对象来表示的。这些对象包括线条、文本、图像等。我们可以创建、编辑和控制这些对象来生成所需的图形。

（2）Figure（图形窗口）：Figure是一个用来容纳图形的窗口，如图6-1所示。我们可以在一个Figure中绘制多个图形，比如多个子图（Subplots）。

（3）Axes（坐标轴）：在MATLAB中，Axes用来定义坐标系。一个Figure可以包含多个Axes，每个Axes定义了一个独立的坐标系。我们可以在一个Axes中绘制图形和设置坐标轴属性。

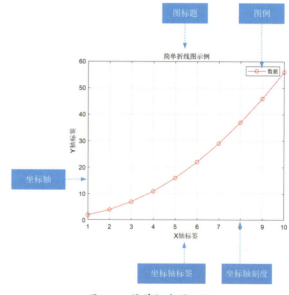

图6-1 简单折线图示例

（4）标签和标题：在图形中添加标签和标题，以使图形更具可读性。我们可以使用xlabel、ylabel和title函数来添加轴标签和图形标题。

（5）图例：图例是一个用于标识不同图形元素的重要工具。

（6）线条属性：我们可以设置线条的颜色、样式、宽度等属性。如图6-1所示的线条属性是红色实线，带有圆点标记。

（7）颜色映射：颜色映射允许我们根据数据值的大小来着色图形元素，以传达更多信息。MATLAB 提供了多种颜色映射选项，如图 6-2 所示。

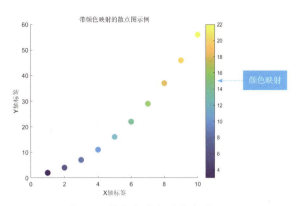

图 6-2　带颜色映射的散点图示例

6.2 MATLAB 绘图过程

首先，我们需要准备要绘制的数据。这可以是数值数据、矩阵、向量或任何需要可视化的信息，具体的绘制过程如下。

6.2.1 创建图形窗口

在 MATLAB 中，我们可以使用 figure 函数创建一个新的图形窗口。以下是一些示例代码，演示如何创建图形窗口。

```
%% 创建一个空白图形窗口
figure;
```

这将创建一个空白的图形窗口，如图 6-3 所示，我们可以在其中绘制图形。

我们还可以为窗口指定标题，如图 6-4 所示，代码如下。

```
%% 这将创建一个带有指定标题的图形窗口
figure('Name', '我的图形窗口');
```

其中 'Name' 参数用于指定图形窗口的标题（见图 6-4），此参数的值应该用单引号括起来，表示一个字符串。

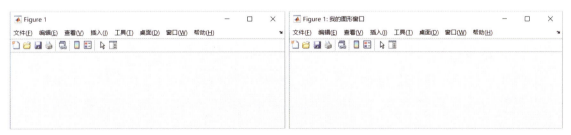

图 6-3　空白图形窗口　　　　　　　　图 6-4　指定图形窗口的标题

另外，我们还可以通过 'Position' 参数设置图形窗口的位置和大小。例如，如果希望创建一个宽度为 800 像素、高度为 600 像素的图形窗口,并将其放置在屏幕的左上角(X=100,Y=100),那么代码如下。

```
%% 创建一个具有指定标题、位置和大小的图形窗口
figure('Name', '我的自定义窗口', 'Position', [100, 100, 800, 600]);
```

6.2.2 绘制数据

使用适当的绘图函数(如plot、scatter、bar等)可将数据绘制在坐标系中。

MATLAB 提供了多种绘图函数,用于绘制不同类型的图形。这些函数包括但不限于以下几种。

❶ **plot 函数**

用于创建线图,展示数据的趋势。

常用参数包括X轴数据、Y轴数据、线型、颜色、标记等。

❷ **scatter 函数**

用于创建散点图,显示数据点的分布和关系。

常用参数包括X轴数据、Y轴数据、标记颜色、标记形状等。

❸ **bar 函数**

用于制作柱状图,通常用于比较不同类别的数据。

常用参数包括X轴数据、柱的高度、柱的宽度、柱的颜色等。

❹ **histogram 函数**

用于制作直方图,用于显示数据分布的频率。

常用参数包括数据、分箱数量、颜色等。

更多的绘图函数我们将在后面的章节再详细介绍。

通过如下代码可创建线图。

```
x = 1:10;                                                    ①
y = [2, 4, 7, 11, 16, 22, 29, 37, 46, 56];                   ②
plot(x, y, 'ro-'); % 创建红色实线,带有圆点标记的折线图          ③
```

这段代码的结果是在图形窗口中创建一个红色的折线图,其中数据点以红色圆点标记,并用实线连接起来。折线图将显示 x 和 y 中的数据,显示了 X 轴上的值(1 到 10)与对应的 Y 轴上的值(2 到 56)之间的关系,以显示趋势或数据分布。

主要代码解释如下。

代码第①行创建了一个名为 x 的向量,其中包含从 1 到 10 的整数值,这将作为 X 轴的数据。

代码第②行创建了一个名为 y 的向量,其中包含与 x 对应的 Y 轴数据值。这将用于绘制折线图上的点。

代码第③行使用plot函数来绘制折线图。参数说明如下。

(1)x 是 X 轴数据,即 1:10 中的值。

（2）y是Y轴数据，即y中的值。

（3）'ro-'是一个字符串参数，它指定了折线图的属性，具体含义如下：

- 'r' 表示将折线的颜色设置为红色（'r'表示红色）。
- 'o' 表示在数据点处添加圆点标记。
- '-' 表示使用实线连接数据点。

上述代码运行后绘制的线图如图6-5所示。

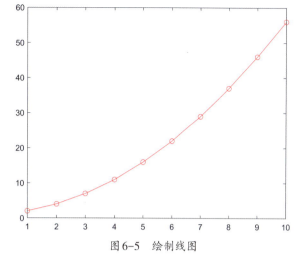

图6-5　绘制线图

6.2.3 添加标题和标签

在MATLAB中，可以通过添加标题和标签来进一步说明和解释我们的绘图，以提供更多的信息。这有助于使图形更具可读性和信息传达性。

以下是添加标题和标签的一些常见方法。

❶ 添加标题

使用title函数来为图形添加标题，以描述图形的主题或内容。代码如下。

```
title('销售数据趋势');
```

❷ 添加标签

使用xlabel函数和ylabel函数分别为X轴和Y轴添加标签，以描述轴的含义。代码如下。

```
xlabel('时间（月）');
ylabel('销售额（美元）');
```

图6-6所示的是添加标题和标签后的图表。

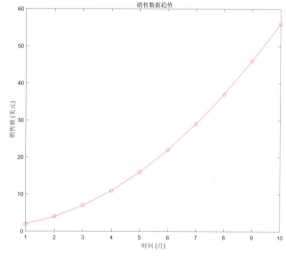

图6-6　添加标题和标签后的图表

6.2.4 添加图例

要添加图例，可以使用legend函数。以下是基本的语法。

```
legend('标签1', '标签2', '标签3', ...);
```

其中 '标签1'、'标签2'、'标签3' 等是想要添加到图例的数据集或图形的标签。这些标签通常是字符串，用于识别不同的数据集。

以下是一个示例，演示如何在MATLAB中添加图例。

```
x = 1:10;
y1 = [2, 4, 7, 11, 16, 22, 29, 37, 46, 56];
y2 = [1, 3, 5, 7, 9, 11, 13, 15, 17, 19];

plot(x, y1, 'ro-');     % 创建第一个数据集的折线图
hold on;                % 保持图形上下文,以便绘制多个图形

plot(x, y2, 'bs-');     % 创建第二个数据集的折线图

legend('数据集 1', '数据集 2');    % 添加图例
```

在这个示例中,我们首先绘制了两个数据集的折线图,然后使用 legend 函数添加图例。图例中包括两个标签,分别对应两个数据集,它们分别是数据集1和数据集2。当有多个数据集或曲线时,添加图例可以非常有帮助。

示例代码运行后绘制的图形如图6-7所示。

6.2.5 颜色映射

颜色映射是在数据可视化中常用的一种技巧,它允许我们根据数据的数值或其他属性来为不同的数据点或区域分配不同的颜色,以使

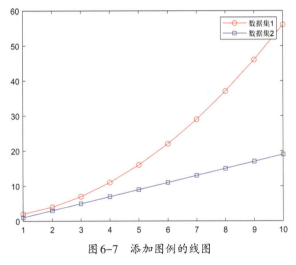

图6-7 添加图例的线图

数据更具可读性和信息传达性。在 MATLAB 中,我们可以使用颜色映射来定制和改进绘图。以下是一些关于颜色映射的基本概念。

❶ 使用内置的颜色映射

MATLAB 提供了许多内置的颜色映射,例如 jet、hsv、hot、cool 等。我们可以在绘图函数中使用这些颜色映射,以根据数据的数值范围来自动分配颜色。

❷ 自定义颜色映射

我们也可以自定义颜色映射,以根据自己的需求为数据分配颜色。使用colormap函数可以自定义颜色映射。我们可以创建一个包含颜色值的矩阵,然后使用colormap函数将其应用于图形。

❸ 颜色映射与数据集的关系

颜色映射通常与数据集的数值范围相关联。较小的数值可以映射到一个颜色,较大的数值可以映射到另一个颜色,从而在绘图中区分不同数值的数据点。

以下是一个示例,演示如何在 MATLAB 中使用颜色映射来提升绘图的可读性。

```
x = 1:10;
y = [2, 4, 7, 11, 16, 22, 29, 37, 46, 56];
c = y;  % 将数据值用于颜色映射
```

```
% 使用 'jet' 颜色映射
colormap('jet');

scatter(x, y, 100, c, 'filled'); % 创建散点图，并根据颜色映射 'jet' 分配颜色
colorbar; % 添加颜色条，显示颜色与数值的关系
```

在这个示例中，我们使用了 'jet' 颜色映射，并将数据值 c 用作颜色映射的输入。这使得不同数据点的颜色与其数值相关联，从而更好地展示了数据的分布。颜色条 (colorbar) 显示了颜色与数值的对应关系。我们可以根据需要选择不同的颜色映射，或自定义颜色映射来更好地突出自己的数据特点。

示例代码运行后绘制的图形如图 6-8 所示。

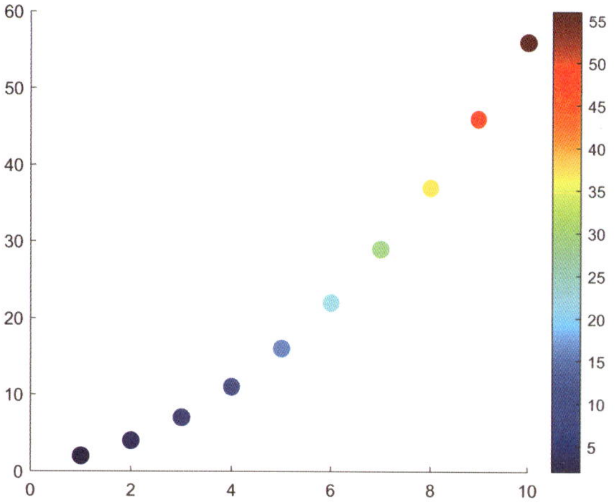

6.2.6 显示网格线

在 MATLAB 中，可以使用网格线来帮助我们更准确地查看和分析绘图中的数据。网格线是绘图中的水平和垂直线，它们分割了图形区域，以便可以更容易地读取坐标和数据点位置。以下是在 MATLAB 中显示网格线的方法。

❶ 使用 grid on 命令

最简单的方法是使用 grid on 命令。当执行 grid on 命令后，会在当前图形窗口中显示网格线。示例代码如下。

```
%%1. 使用 grid on 命令:
x = 1:10;
y = [2, 4, 7, 11, 16, 22, 29, 37, 46, 56];
plot(x, y, 'ro-');
grid on; % 显示网格线
```

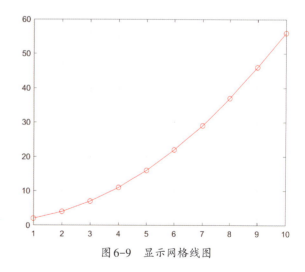

图 6-8 添加颜色映射的线图

图 6-9 显示网格线图

示例代码运行后绘制的图形如图 6-9 所示。

❷ 自定义网格线样式

我们还可以自定义网格线的样式，例如，更改线的颜色、线型和宽度。使用 grid 函数可以进行这些自定义设置。示例代码如下。

```
% 自定义网格线样式
```

```
grid on;
grid minor;  % 显示次要网格线
set(gca, 'XGrid', 'on', 'YGrid', 'on', 'GridLineStyle', '--', ...
'MinorGridLineStyle', ':', 'GridColor', [0.7, 0.7, 0.7]);
```

在这个示例中，grid on 命令用于显示网格线，然后使用 set 函数自定义了网格线的样式，包括线型、颜色和网格线的位置。

示例代码运行后绘制的图形如图6-10所示。

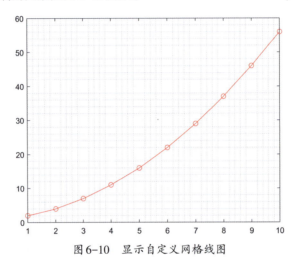

图6-10　显示自定义网格线图

6.2.7 保存图形

在 MATLAB 中，我们可以使用不同的方法将图形保存为图像文件，以便后续分享、打印或进一步处理。以下是在 MATLAB 中保存图形的方法。

❶ 使用 saveas 函数

saveas 函数允许我们将当前打开的图形保存为不同的图像文件格式，如 PNG、JPEG、TIFF 等。示例代码如下。

```
x = 1:10;
y = [2, 4, 7, 11, 16, 22, 29, 37, 46, 56];
plot(x, y, 'ro-');

% 使用 saveas 函数保存图形为 PNG 文件
saveas(gcf, 'my_plot.png');
```

运行上述代码不仅会弹出绘图窗口，同时会在当前工作目录下生成my_plot.png文件。

❷ 使用 print 函数

在科研论文或出版物中，需要使用高质量和高分辨率的图形，以确保图形在印刷或显示过程中能够保持清晰和准确。使用print函数可以满足这个需求，因为它允许我们指定输出文件的文件名、文件格式及DPI。

提示 ⚠ DPI（每英寸点数，Dots Per Inch）是一个用于衡量图像分辨率的单位。它表示在每英寸的物理空间内，图像可以包含多少个像素点。较高的DPI值意味着图像具有更高的分辨率，因此可以更清晰地显示细节。

在数字图像和打印领域，DPI是一个重要的概念。例如，当打印照片或图形时，选择更高的DPI可以获得更清晰和详细的输出。电子屏幕上的图像分辨率通常为72 DPI或96 DPI，而打印品质图像的DPI通常更高，如300 DPI、600 DPI或更多，取决于打印机和输出质量的要求。

使用print函数的示例代码如下。

```
x = 1:10;
y = [2, 4, 7,11, 16, 22, 29, 37, 46, 56];
plot(x, y, 'ro-');

% 指定 DPI 保存图形为 PNG 文件
dpi = 600; % 例如，设置为 600 DPI
print('my_plot.png', '-dpng', ['-r', num2str(dpi)]);
```

上述代码使用print函数来保存图形为PNG文件，并指定了DPI的值。具体说明如下。
- 'my_plot.png' 是要保存的文件名。
- '-dpng' 指定了文件格式为PNG。
- '-r' 是DPI的选项。
- num2str(dpi)将DPI的值（600）转换为字符串并与-r选项连接在一起，以设置DPI的参数。

运行上述代码不仅会弹出绘图窗口，同时会在当前工作目录下生成600DPI分辨率的名为'my_plot.png'的PNG文件。

❸ 使用导出设置界面

MATLAB提供了一个导出设置界面，让我们可以交互式地选择图形文件的格式和其他选项。我们可以通过以下方式访问这个界面。

在图形窗口中，单击菜单"File"→"导出设置"，弹出如图6-11所示的导出设置对话框，在导出设置界面中，选择要保存的文件格式、文件名和其他设置，然后点击"导出"按钮保存图形。

图6-11 导出设置对话框

6.3 子图和多图形

在MATLAB中，我们可以创建包含多个子图的图形窗口，以在同一个窗口中同时显示多个图形或图形组件。这对于比较、展示不同数据、创建复杂的布局及绘制多个图形非常有用。下面分别介绍创建子图和创建多图形的方法。

6.3.1 创建子图

在 MATLAB 中，要创建子图，我们可以使用 subplot 函数。subplot 函数允许我们在同一个图形窗口中划分多个子图区域，并在这些子图中绘制不同的图形或数据。

subplot 函数的基本语法如下。

```
subplot(m, n, p)
```

其中，m 和 n 表示子图布局的行数和列数，而 p 则表示当前子图的位置。

- m：表示子图布局的总行数。
- n：表示子图布局的总列数。
- p：表示当前子图的位置。子图的位置编号从左上角开始，按行从左到右，然后从上到下编号。

图 6-12 所示的是 2 行 2 列的子图布局。

以下是一个示例，演示如何创建子图。

图 6-12 子图布局

```
% 创建示例数据
x1 = 1:10;
y1 = [2, 4, 7, 11, 16, 22, 29, 37, 46, 56];

x2 = 1:10;
y2 = [5, 8, 14, 20, 30, 41, 53, 67, 84, 100];

x3 = 1:10;
y3 = [1, 2, 3, 5, 8, 13, 21, 34, 55, 89];

x4 = 1:10;
y4 = [50, 45, 40, 35, 30, 25, 20, 15, 10, 5];

% 创建一个 2×2 子图布局
subplot(2, 2, 1);
bar(x1, y1, 0.6, 'b');    % 创建蓝色柱状图
title('数据集 1');

subplot(2, 2, 2);
bar(x2, y2, 0.6, 'g');    % 创建绿色柱状图
title('数据集 2');
```

①

```
subplot(2, 2, 3);
bar(x3, y3, 0.6, 'r');   % 创建红色柱状图
title('数据集 3');

subplot(2, 2, 4);
bar(x4, y4, 0.6, 'm');   % 创建品红色柱状图
title('数据集 4');
```

这段示例代码演示了如何在MATLAB中创建一个包含四个子图的2×2子图布局，并在每个子图中绘制柱状图，同时自定义柱状图的颜色和标题。以下是代码的详细解释。

创建示例数据：首先，我们定义了四组示例数据。x1、x2、x3和x4是X轴的值，y1、y2、y3和y4是对应的柱状图的高度。

代码第①行创建一个2×2的子图布局：使用subplot函数创建一个包含四个子图的2×2布局。这将图形窗口分为一个2×2的矩阵，每个子图位于不同的位置。

在每个子图中绘制柱状图：使用bar函数在每个子图中绘制柱状图。每个bar函数接受两个数组，分别对应X轴和Y轴的值。柱状图的颜色和宽度也可以自定义。在示例中，我们使用不同的颜色参数来设置每个柱状图的颜色（'b'表示蓝色，'g'表示绿色，'r'表示红色，'m'表示品红色），柱状图的宽度通过0.6参数指定。

添加标题：最后，使用title函数为每个子图添加标题，以标识数据集。每个子图的标题是'数据集 1'、'数据集 2'、'数据集 3'和'数据集 4'。

示例代码运行后绘制的图形如图6-13所示。

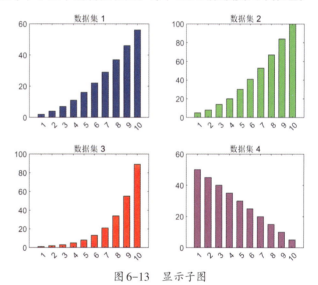

图6-13　显示子图

6.3.2 创建多图形

在MATLAB中，我们可以使用多个figure函数来创建多个图形窗口，而且每个图形窗口还可以包含一个或多个子图。以下是一个示例，演示如何创建多个图形窗口。

```
% 创建示例数据
x = 0:0.1:2*pi;
y1 = sin(x);
y2 = cos(x);
y3 = tan(x);
```

```
% 创建第一个图形窗口,绘制正弦曲线,使用红色
figure; % 创建第一个图形窗口
plot(x, y1, 'r'); % 使用红色
title(' 正弦曲线 ');

% 创建第二个图形窗口,绘制余弦曲线,使用蓝色,同时添加网格线
figure; % 创建第二个图形窗口
plot(x, y2, 'b'); % 使用蓝色
grid on; % 添加网格线
title(' 余弦曲线 ');

% 创建第三个图形窗口,绘制正切曲线,使用绿色
figure; % 创建第三个图形窗口
plot(x, y3, 'g'); % 使用绿色
title(' 正切曲线 ');
```

在上述代码中,我们分别创建了三个不同的图形窗口(使用figure函数),然后在每个窗口中绘制一个子图。这样,每个图形窗口包含一个曲线图,分别绘制了正弦曲线、余弦曲线和正切曲线。

上述代码运行后会弹出三个图形窗口,如图6-14所示,我们可以通过切换图形窗口来查看不同的曲线。

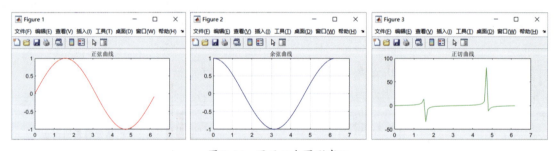

图6-14 显示三个图形窗口

6.4 本章总结

本章主要介绍了MATLAB的绘图概念和绘图过程,包括创建图形、绘制数据、添加标题和标签、图例等。掌握如何创建子图和创建多图形,有助于比较和分析多组数据,希望这一章的内容能帮助读者更好地使用MATLAB进行数据可视化和呈现。

第7章 单变量图形绘制

本章将深入研究如何使用MATLAB创建各种类型的单变量图形，这些图形有助于我们更好地理解和分析数据。单变量图形在科学、工程和统计学领域中是非常常见的，用于可视化单个变量（或一组相关变量）的分布、趋势和特征。通过仔细绘制这些图形，我们将能够更好地掌握数据的本质，发现异常值和趋势，并与理论模型进行比较。

单变量图形包括直方图、箱线图、密度图、小提琴图、饼图。

这些类型的图形能够帮助读者更好地理解单变量数据的特征，无论是数据分布、分散性还是比例关系。

7.1 直方图

直方图（Histogram）是一种常用于可视化数据分布的图形类型。它用于显示数据集中各数值范围的频率分布情况，特别适合于连续型数据。直方图将数据范围划分为若干个连续的区间（称为"箱子"或"区间"），然后统计每个区间内数据点的数量或频率，最终以条形图的形式展示出来。

以下是直方图的主要特点和构成要素。

（1）X轴：X轴通常表示数据的数值范围或区间，按照一定的划分方式排列。

（2）Y轴：Y轴表示每个数值范围内数据点的频率或数量。它可以表示数据点的个数，也可以表示相对频率（频率与总数的比值）。

（3）箱子/区间：数据范围被划分为多个箱子或区间，每个箱子用来容纳特定范围内的数据点。箱子的宽度可以根据数据的分布情况调整。

（4）条形：每个箱子对应一个条形，其高度表示该箱子内的数据点数量或频率。高度越高，表示该范围内数据点越多。

直方图可用于探索数据的分布特征，如数据的中心位置、离散程度、异常值等。通常，直方图绘制过程中需要选择合适的箱子数量和宽度，以便更好地呈现数据的分布情况。

7.1.1 绘制直方图

在MATLAB中，可以使用hist函数来创建直方图。以下是绘制直方图的基本步骤。

(1)准备数据：首先，准备要绘制直方图的数据。

(2)选择分箱数量：决定直方图中的分箱数量，这会影响可视化的效果。通常，可以使用数据的统计特征或尝试不同的分箱数量来选择合适的值。

(3)绘制直方图：使用hist函数来绘制直方图。以下是基本语法。

```
histogram(data, num_bins);
```

其中，data是数据向量，num_bins是分箱数量。

(4)自定义外观：我们可以使用各种参数来自定义直方图的外观，包括颜色、边界线型、透明度等。

以下是一个示例，演示如何在MATLAB中绘制直方图。

```
% 创建示例数据
data = randn(1000, 1);      % 生成1000个随机数作为示例数据

% 绘制直方图
histogram(data, 20);         % 使用20个分箱

% 自定义直方图的外观
title('示例直方图');         % 添加标题
xlabel('值');                % 添加X轴标签
ylabel('频数');              % 添加Y轴标签
grid on;                     % 显示网格线
```

通过这个示例，我们可以创建一个直方图，以可视化示例数据的分布情况。我们可以根据需要自定义外观和标签，以使图形更具信息性。

运行上述示例代码，绘制直方图，如图7-1所示。

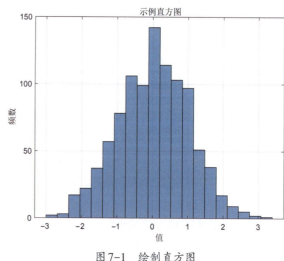

图7-1 绘制直方图

7.1.2 示例：绘制空气温度分布直方图

下面通过一个示例介绍一下在MATLAB中如何绘制直方图，该示例使用直方图来可视化airquality数据集的温度（Temp）数据的分布情况。

airquality数据集是纽约市空气质量观测数据，它保存在airquality.csv文件中，文件内容如图7-2所示。

文件中的列和其含义如下。

● Ozone（臭氧）：表示观测地区的臭氧浓度，以每小时的百万分比浓度（ppm）计算。这一列中可能包含缺失值，用NA表示。

● Solar.R（太阳辐射）：表示观测地区的太阳辐射量，以千瓦时/平方米计算。这一列中可能包含缺失值，用NA表示。

● Wind（风速）：表示风的速度，以英里/小时计算。

● Temp（温度）：表示温度，以华氏度计算。

● Month（月份）：表示观测的月份（1到12）。

● Day（日期）：表示观测的日期。

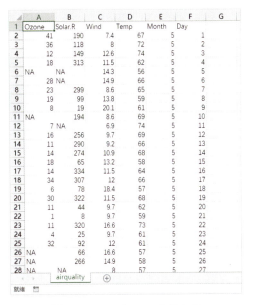

图7-2　airquality.csv文件内容

绘制空气温度分布直方图的代码如下。

```
% 读取 CSV 文件，保留原始列名
data = readtable('data/airquality.csv', 'PreserveVariableNames', true);   ①

% 查看表的变量名
varNames = data.Properties.VariableNames;                                  ②
disp(varNames);

% 选择温度（Temp）列并绘制直方图
temperature_data = data.Temp;
histogram(temperature_data, 10); % 10 表示箱子的数量，可以根据需要调整      ③
xlabel(' 温度 ');
ylabel(' 频率 ');
title(' 温度直方图 ');
```

代码解释如下。

代码第①行使用readtable函数从名为airquality.csv的CSV文件中读取数据，并设置选项'PreserveVariableNames'为true，以保留原始列名，确保不会对列名进行修改。

代码第②行获取数据表中的变量名称（列名）并将它们存储在varNames变量中。Properties.VariableNames返回表的变量名称。

代码第③行使用histogram函数绘制Temp（温度）列的直方图。10表示直方图的箱子数量，我们可以根据需要进行调整。

运行示例代码，绘制的图形如图7-3所示。

从7-3所示的直方图中，我们可以看到温度数据的分布情况。例如，可以看到温度在70°F（华氏度）到80°F的数据点数量较多，而在60°F以下和90°F以上的温度范围内数据点较少。直方图有助于了解温度数据的中心趋势和分散程度，以及可能存在的异常值。

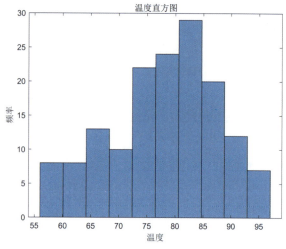

图7-3 温度直方图

7.2 箱线图

箱线图又称为盒须图，是数据可视化中的一种常用图形类型。箱线图用于展示数据的分布和离散度，显示了数据的中位数、上下四分位数、异常值、最大值和最小值等信息，并通过箱体和虚线的形式呈现，有助于我们快速了解数据的分布特点。

图7-4所示的是一个箱线图，其中：

● 上四分位数，又称"第一个四分位数"（Q1），等于该样本中所有数值由小到大排列后第25%的数字；

● 中位数，又称"第二个四分位数"（Q2），等于该样本中所有数值由小到大排列后第50%的数字；

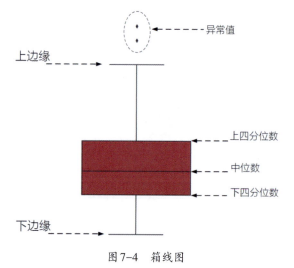

图7-4 箱线图

● 下四分位数，又称"第三个四分位数"（Q3），等于该样本中所有数值由小到大排列后第75%的数字。

箱线图应用十分广泛，主要应用于以下几个方面。

（1）查看数据集的分布情况：通过箱线图可以直观地了解数据的集中趋势、对称性及异常值情况，对数据进行初步的分析。

（2）比较不同数据集的分布差异：可以通过绘制多个数据集的箱线图并排进行比较，观察它们的位置、范围和形状差异。

（3）判定数据集是否满足某种分布：通过箱线图的形状可以大致判断数据是否符合正态分布或其他分布形状。

（4）箱线图也可与其他图形结合，形成更丰富的图形表示，如与散点图组合展示数据的分布和散点情况。

总之，利用箱线图可以直观显示数据的分布特征，是进行初步数据分析的重要工具。但其无法显示数据的具体分布形态，需要搭配其他图形使用。

7.2.1 绘制箱线图

在MATLAB中，要绘制箱线图，可以使用boxplot函数。箱线图用于可视化数据的分布和离群值。下面是一些简单的步骤，展示如何在MATLAB中创建一个箱线图。

（1）准备数据：首先，需要有一个包含要绘制的数据的向量或矩阵。
（2）使用boxplot函数：使用boxplot函数来创建箱线图。以下是boxplot函数的基本用法。

```matlab
data = [data1, data2, data3, ...]; % 你的数据，可以是一个向量或矩阵
boxplot(data);
```

这将绘制一个简单的箱线图，显示数据的分布情况。如果有多个数据集，它将在同一个图中显示它们的箱线图。

如果想要更多的自定义选项，可以使用boxplot函数的参数来设置标签、颜色、样式等，示例代码如下。

```matlab
boxplot(data, 'Labels', {'Group 1', 'Group 2', 'Group 3'}, 'Colors', 'r');
title('Box Plot Example');
ylabel('Data Values');
```

这将为每个组添加标签，并使用红色的颜色绘制箱线图。

下面是一个更具体的MATLAB示例，演示如何创建一个简单的箱线图。

```matlab
% 创建一些示例数据
data1 = randn(100, 1); % 随机生成一组数据
data2 = 2 + 0.5 * randn(100, 1); % 随机生成另一组数据

% 将数据放入一个矩阵中
data = [data1, data2];

% 创建箱线图，并设置标签、颜色和样式
boxplot(data, 'Labels', {'Data Group 1', 'Data Group 2'}, 'Colors', ['b', 'g'], 'Symbol', 'ro');

% 添加标题和标签
title('Customized Box Plot');
xlabel('Groups');
ylabel('Data Values');
```

这段代码的目的是创建一个箱线图，展示两个数据组的分布情况，并对图表进行一些自定义设置。

代码通过boxplot函数创建箱线图。在这里，它接受data作为输入，并使用以下自定义选项。

- 'Labels'参数设置两个数据组的标签为Data Group1和Data Group2，以替代默认的标签。
- 'Colors' 参数设置箱线图的颜色。第一个数据组使用蓝色 ('b')，第二个数据组使用绿色 ('g')。
- 'Symbol' 参数设置离群值的样式为红色圆点 ('ro')。

运行示例代码，绘制的图形如图7-5所示。

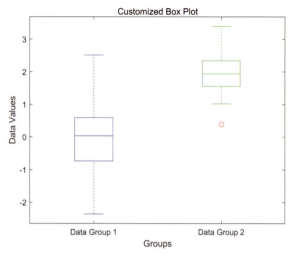

图7-5　分组箱线图

7.2.2 示例：绘制婴儿出生数据箱线图

箱线图通常用于统计方分析测异常值，下面我们通过一个示例介绍一下如何在MATLAB中创建箱线图。

该示例数据来自婴儿出生数据.csv文件，该文件内容如图7-6所示。

文件中的列和其含义如下。

- year：这一列表示出生的年份。在提供的示例数据中，出生年份都是1969年。
- month：这一列表示出生的月份。它表明每个新生婴儿的出生月份，可以是1（一月）到12（十二月）。
- day：这一列表示出生的日期。它标志着每个新生婴儿的出生日期，可以是每月的1号到31号。
- gender：这一列表示新生婴儿的性别。通常，这里可能有两个值，F表示女性，M表示男性。
- births：这一列表示每天出生的婴儿数量。这个列的值表示每天的出生统计数据。

绘制婴儿出生数据箱线图实现代码如下。

	A	B	C	D	E
1	year	month	day	gender	births
2	1969	1	1	F	4046
3	1969	1	1	M	4440
4	1969	1	2	F	4454
5	1969	1	2	M	4548
6	1969	1	3	F	4548
7	1969	1	3	M	4994
8	1969	1	4	F	4440
9	1969	1	4	M	4520
10	1969	1	5	F	4192
11	1969	1	5	M	4192
12	1969	1	6	F	4710
13	1969	1	6	M	4850
14	1969	1	7	F	4646
15	1969	1	7	M	5092
16	1969	1	8	F	4800
17	1969	1	8	M	500
18	1969	1	9	F	4592
19	1969	1	9	M	4842
20	1969	1	10	F	4852
21	1969	1	10	M	5190
22	1969	1	11	F	4580
23	1969	1	11	M	4598
24	1969	1	12	F	4126
25	1969	1	12	M	4324
26	1969	1	13	F	4758
27	1969	1	13	M	5076
28	1969	1	14	F	5070

婴儿出生数据　就绪

图7-6　婴儿出生数据.csv文件内容

```
% 从csv文件中加载数据
data = readtable('data/婴儿出生数据.csv');                    ①

% 提取出生人数数据
```

```
births = data.births;                              ②

% 创建箱线图
boxplot(births, 'Labels', {'出生人数'});              ③

% 添加标题和标签
title('婴儿出生数据的箱线图');
ylabel('出生数量');
```

这段代码的目的是创建一个箱线图，以可视化婴儿出生数据.csv文件中的出生人数数据的分布情况。箱线图有助于分析数据的中心趋势和离散度。

代码解释如下。

代码第①行使用readtable函数从名为"婴儿出生数据.csv"的文件中读取数据，并将数据存储在名为data的表格数据结构中。

代码第②行通过data.births，将births变量设置为包含所有出生人数数据的列。

代码第③行使用boxplot函数创建箱线图。箱线图是一种用于可视化数据分布的图表，显示了数据的中位数、上下四分位数和异常值。births是要绘制的数据，而Labels参数用于设置X轴标签，这里标签设置为"出生人数"。

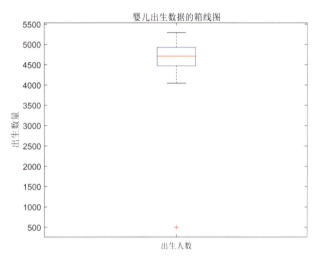

图7-7 婴儿出生数据分布的箱线图

运行示例代码，绘制的图形如图7-7所示。

从图7-7可以看出，在箱线图之外存在数据点，这些数据点通常被认为是异常值。

7.3 密度图

密度图（也称核密度估计图）是一种用于可视化数据分布的图形，它显示了连续变量的概率密度分布。

密度图的主要应用场景包括以下几个方面。

（1）显示数据分布形态：密度图能直观地展示数据的分布形式，如正态分布、偏态分布、多峰分布等。

（2）比较不同数据分布：可以通过多个密度图的重叠来比较不同数据样本的分布形状。

（3）发现数据集中的模态：密度图可以清楚地显示数据集的单模态、双模态或多模态分布。

（4）查找突出点或异常值：在密度图中可以观察到异常突出的峰值点或偏离主曲线的异常值。
（5）评估拟合效果：可以通过观察数据分布与理论分布拟合曲线的重合状况来评估拟合效果。
（6）显示离散性变量的连续概率：可以为离散型数据生成密度曲线，将其可视化为连续分布。
（7）密度图也可以与其他图形组合使用，如箱线图重叠以同时显示密度和四分位数。

总之，密度图通过直观的曲线展示了数据分布的细节，能提供比直方图和箱线图更丰富的信息，是了解和展示数据集分布的有效工具。

7.3.1 创建密度图

在 MATLAB 中，可以使用 ksdensity 函数来创建单变量密度图，这是核密度估计的一种方式，用于可视化单变量数据的概率密度分布。以下是使用 ksdensity 函数创建单变量密度图的示例。

```
% 生成一维示例数据
data = randn(100, 1);   % 生成100个随机一维数据点

% 使用 ksdensity 函数创建单变量密度估计图
figure;
ksdensity(data);

% 设置图的标题和轴标签
title('单变量密度图');
xlabel('X轴');
ylabel('概率密度');
```

上述代码首先生成了包含100个随机一维数据点的示例数据，然后使用 ksdensity 函数创建了单变量密度图。这个图显示了数据的概率密度分布，其中峰值表示密度较高的区域。

运行示例代码，绘制的图形如图 7-8 所示。

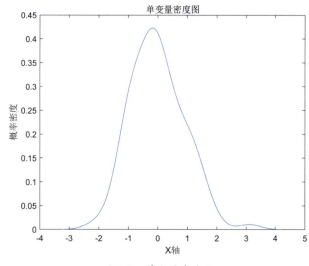

图 7-8 单变量密度图

7.3.2 示例：绘制德国可再生能源发电量密度图

下面我们通过一个示例介绍一下如何绘制密度图。该示例是采用密度图可视化分析德国每日电力消耗情况，该示例数据来自 opsd_germany_daily.csv 文件，该文件包含德国每日的电力数据，其中记录了从2006年1月1日开始的多年时间段内的一些重要电力相关指标，文件部分内容如图 7-9 所示。

以下是文件的各列的含义。

- Date: 这一列包含日期信息,记录了每天的日期,从2006年1月1日开始。
- Consumption: 这一列包含每天的电力消耗量,通常以兆瓦时(MWh)为单位。它表示德国每天用了多少电力。
- Wind: 这一列包含每天的风力发电量,通常以兆瓦时(MWh)为单位。它表示德国每天通过风力发电产生了多少电力。
- Solar: 这一列包含每天的太阳能发电量,通常以兆瓦时(MWh)为单位。它表示德国每天通过太阳能发电产生了多少电力。
- Wind+Solar: 这一列包含每天风力和太阳能发电的总量,通常以兆瓦时(MWh)为单位。它表示德国每天通过风力和太阳能联合发电产生了多少电力。

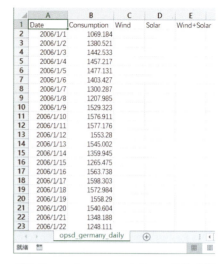

图 7-9　opsd_germany_daily.csv 文件内容

绘制德国可再生能源发电量密度图的代码如下。

```
% 读取 CSV 文件
data = readtable("data/opsd_germany_daily.csv",'PreserveVariableNames', true);

% 选择要创建密度图的数据列
windData = data.Wind;
solarData = data.Solar;

% 计算 Wind 和 Solar 的核密度估计
[f_wind, xi_wind] = ksdensity(windData);                            ①
[f_solar, xi_solar] = ksdensity(solarData);                         ②

% 绘制 Wind 和 Solar 的密度图
figure;
plot(xi_wind, f_wind, 'LineWidth', 2, 'DisplayName', '风力');        ③
hold on;                                                            ④
plot(xi_solar, f_solar, 'LineWidth', 2, 'DisplayName', '太阳能');    ⑤

title('可再生能源发电量密度图');
xlabel('数据值');
ylabel('密度');

% 添加图例
```

```
legend('Location', 'Best');

% 可选：添加网格线
grid on;
```

上述代码计算Wind和Solar数据的核密度估计，然后可视化这两列数据的分布情况。

主要代码解释如下。

代码第①行计算名为windData的数据列（Wind列）的核密度估计。核密度估计是一种用于估计数据分布的统计方法。它返回两个数组，f_wind包含核密度估计的值，xi_wind包含与这些值对应的数据点的位置。

代码第②行类似于上面的代码，这行代码计算名为solarData的数据列（Solar列）的核密度估计，将结果存储在f_solar和xi_solar中。

代码第③行使用plot函数绘制Wind数据的核密度估计。xi_wind包含数据点的位置，f_wind包含核密度估计的值。通过'LineWidth', 2设置线的宽度为2，以使图线更加清晰。'DisplayName'参数设置图例中的标签为风力，用于标识这条线。

代码第④行hold on是MATLAB中的一种图形绘制命令，它用于保持当前图形窗口处于激活状态，以便在同一图形中绘制多个图形元素，而不会覆盖之前的内容。这个命令在绘制多个曲线或图形时非常有用，因为它允许将不同的图形叠加在一起，以更好地比较它们或在同一图形中显示它们。

代码第⑤行类似于代码第③行，这行代码使用plot函数绘制Solar数据的核密度估计。xi_solar包含数据点的位置，f_solar包含核密度估计的值。同样，设置线的宽度为2，以及'DisplayName'参数，设置图例中的标签为'太阳能'，用于标识这条线。

运行示例代码，绘制图形如图7-10所示。

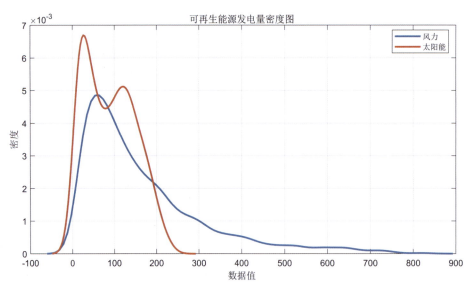

图7-10 德国可再生能源发电量密度图

比较7.3.1小节示例读者会发现，7.3.1小节示例代码没有使用plot函数，但仍然成功绘制了核密度估计图，这是因为ksdensity函数本身内部包含绘图功能，可以直接生成并显示密度图。因此，不需要额外调用plot函数来将核密度估计结果可视化。

这是ksdensity函数的一种便捷之处，特别是当只需要简单地可视化数据的核密度估计时，可以避免手动调用plot函数。ksdensity默认在图形窗口中绘制核密度估计图，这通常足以满足可视化需求。

7.4 小提琴图

小提琴图（见图7-11）是一种数据可视化图形，它结合了箱线图和核密度图。它用于可视化数据的分布和密度，以帮助分析数据的形状、中位数、四分位数范围及可能的多峰性。

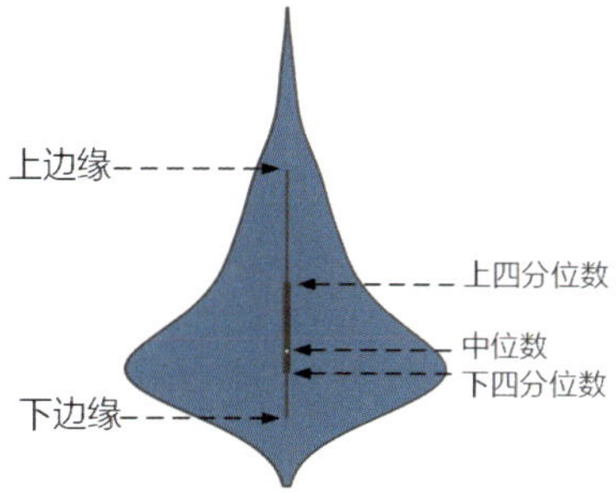

7.4.1 小提琴图与密度图比较

小提琴图和密度图都是用于展示数据分布形态的图形，主要区别如下。

图7-11 小提琴图

（1）小提琴图同时展示了数据的密度分布和四分位数信息，密度图只显示分布的形状。
（2）小提琴图通过原始样本直接生成，密度图通过核函数估计得到概率密度曲线。
（3）小提琴图对数据量少的样本也能给出合理估计，密度图需要足够大的样本量。
（4）小提琴图更直观，可以直接看出数据的峰值、偏斜情况。密度图需要一定解析。
（5）密度图可以绘制理论分布与数据的拟合效果。小提琴图侧重展示样本本身分布。
（6）小提琴图更适合互相比较不同数据集，密度图更适合展示单个数据集分布形态。
（7）小提琴图对异常值或离群点更敏感。密度图中异常值或离群点对总体曲线影响较小。

总体来说，小提琴图信息更丰富直观，更适合对比多数据集；密度图更抽象简洁，着重数据整体分布形状。两者可结合使用，提供更全面的分布视图。

7.4.2 绘制小提琴图

MATLAB本身并没有原生的绘制小提琴图函数，需要借助社区创建的工具或函数来实现小提琴图的绘制。我们可以尝试使用violinChart函数，或者探索其他社区贡献的小提琴图绘制工具。这些工具通常在MATLAB File Exchange或GitHub上可以找到，笔者在MATLAB File Exchange搜索"violinChart"，如图7-12所示。

从搜索结果的列表中选择"violin plot and ggtheme"，进入如图7-13所示的页面。

图 7-12　在 File Exchange 搜索 violinChart

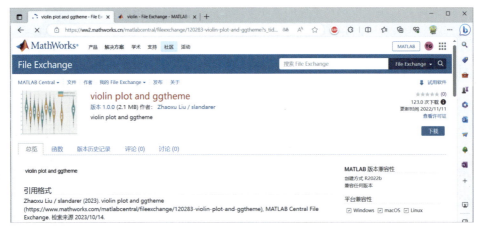

图 7-13　violin plot and ggtheme 页面

在图 7-13 所示的页面单击"下载"按钮下载 violin plot and ggtheme 源代码，下载完成后解压代码，然后将解压的目录添加到搜索路径，如图 7-14 所示。

violin plot and ggtheme 工具提供的 violinChart 函数用于绘制小提琴图，它是在给定 X 和 Y 数据的情况下，创建小提琴图的一个帮助函数。下面是有关这个函数的解释和用法。

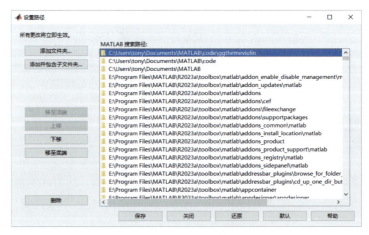

图 7-14　添加到搜索路径

```
Hdl = violinChart(ax, X, Y, color, width, param1, value1, param2, value2, ...)
```

参数解释如下。

● ax：图形坐标轴（Axes）对象，小提琴图将在这个坐标轴上创建。
● X：一个包含小提琴的X位置的向量或数组。
● Y：包含小提琴图数据的矩阵，其中每一列对应一个小提琴。
● color：小提琴图的颜色，可以是RGB颜色向量，如 [0 0.447 0.741]，或颜色名称字符串。
● width：小提琴的宽度，一个标量值。
● param1, value1, param2, value2, ...：可选参数和对应的值，可以用来进一步定制小提琴图的外观。例如，可以传递 'LP' 参数来添加标记到小提琴图的中位数，并定制它们的样式。

返回值如下。

● Hdl：包含小提琴图的各个部分的句柄（handle），例如小提琴的密度图、中位数线、分位数面积等。

使用violinChart函数绘制小提琴图的示例代码如下。

```
% 示例数据
X1 = [1:2:7, 13];                                    ①
Y1 = randn(100, 5) + sin(X1);                        ②
X2 = 2:2:10;                                         ③
Y2 = randn(100, 5) + cos(X2);                        ④

% 创建一个新的图
figure;

% 使用 violinChart 函数绘制小提琴图
Hdl1 = violinChart(gca, X1, Y1, [0 0.447 0.741]);    ⑤
Hdl2 = violinChart(gca, X2, Y2, [0.850 0.325 0.098]); ⑥

% 添加图例
legend([Hdl1.F_legend, Hdl2.F_legend], {'randn+sin(x)', 'randn+cos(x)'});

%% 添加主题的示例代码 % 应用主题样式
ggThemeViolin(gca, [Hdl1, Hdl2], 'light');
```

上述代码解释如下。

代码第①行被定义为一个包含一系列数字的向量X1，其中的数字是从 1 到 7（包括 1 和 7）的奇数，以及数字 13。

代码第②行Y1 被定义为一个 100 行 5 列的矩阵，其中的数据是随机生成的符合标准正态分布的数字（randn(100, 5)），然后加上与 X1 中对应值的正弦（sin(X1)）。

代码第③行X2 被定义为一个包含一系列数字的向量，其中的数字是从 2 到 10（包括 2 和 10）的偶数。

代码第④行Y2 被定义为一个 100 行 5 列的矩阵，其中的数据同样是随机生成的符合标准正态分布的数字（randn(100, 5)），然后加上与 X2 中对应值的余弦（cos(X2)）。

代码第⑤和第⑥行通过 violinChart 函数，两次绘制小提琴图，分别使用 X1 和 Y1 绘制第一个图（使用［0 0.447 0.741］指定颜色），使用 X2 和 Y2 绘制第二个图（使用［0.850 0.325 0.098］指定颜色）。

运行示例代码，绘制图形如图 7-15 所示。

另外，violin plot and ggtheme 工具还提供 ggThemeViolin 函数，ggThemeViolin 函数用于应用主题（theme）到小提琴图，它通过修改坐标轴的外观和样式来提供可视化一致性。下面是这个函数的解释和用法。

```
ax = ggThemeViolin(ax, HDLset, themeName, varargin)
```

参数解释如下。

- ax：图形坐标轴（Axes）对象，即用户希望应用主题的坐标轴。
- HDLset：一个包含小提琴图的信息的结构体数组。每个结构体应该包含小提琴图的各个部分的句柄。
- themeName：字符串参数，指定要应用的主题名称，可以是以下之一：'flat', 'flat_dark', 'camouflage', 'chalk', 'copper', 'dust', 'earth', 'fresh', 'grape', 'grass', 'greyscale', 'light', 'lilac', 'pale', 'sea', 'sky', 'solarized'。
- varargin：可选参数和对应的值，用于进一步定制主题的样式。

返回值如下。

- ax：应用主题后的图形坐标轴对象。

添加主题的示例代码如下。

```
%% 添加主题的示例代码
% 应用主题样式
ggThemeViolin(gca, [Hdl1, Hdl2], 'light');
```

运行示例代码，绘制图形如图 7-16 所示。

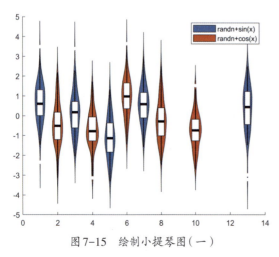

图 7-15　绘制小提琴图（一）

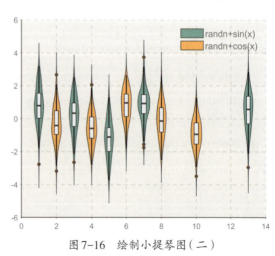

图 7-16　绘制小提琴图（二）

7.4.3 示例：绘制山鸢尾萼片长度和萼片宽度的小提琴图

本小节我们将使用MATLAB绘制鸢尾花数据集（fisheriris）中山鸢尾（Iris Setosa）的萼片长度和萼片宽度的小提琴图。这将帮助我们更好地了解山鸢尾的这两个特征的数据分布情况，包括它们的中位数、四分位范围及密度估计。这种可视化工具有助于比较不同特征的数据分布，并识别任何潜在的趋势或模式。具体代码如下。

```
% 加载鸢尾花数据集
load fisheriris                                              ①

% 取出山鸢尾的数据
setosa = meas(1:50,:);                                       ②

% 绘制小提琴图
figure;
Hdl1 = violinChart(gca, setosa(:,1), setosa(:,2), [0.850 0.325 0.098]);   ③

% 设置主题样式
ggThemeViolin(gca,Hdl1,'solarized');                         ④

% 添加中文标题
title('山鸢尾萼片长度分布');
```

主要代码解释如下。

代码第①行load fisheriris用于加载MATLAB自带的鸢尾花数据集，这个数据集包含鸢尾花不同品种的测量数据。

代码第②行从鸢尾花数据集中提取前50行数据，并将其存储在名为setosa的变量中。这些数据代表山鸢尾品种（Iris Setosa），该品种是鸢尾花的一种。

代码第③行使用violinChart函数绘制小提琴图。gca表示使用当前坐标轴，setosa(:,1)是山鸢尾的萼片长度数据，setosa(:,2)是萼片宽度数据，[0.850 0.325 0.098]是小提琴图的颜色设置。函数返回一个包含小提琴图相关元素的Hdl1结构。

代码第④行使用ggThemeViolin函数，将主题样式设置为solarized。gca表示当前坐标轴，而Hdl1包含小提琴图的图形元素。

运行上述代码，创建小提琴图（见图7-17）。

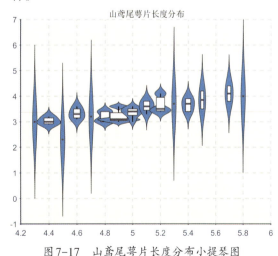

图7-17　山鸢尾萼片长度分布小提琴图

7.5 饼图

饼图（Pie Chart）是一种常用的数据可视化工具，用于显示不同类别或部分占整体的比例关系。饼图通常是一个圆形，被分割成多个扇形，每个扇形的面积表示相应类别或部分所占比例的大小。

7.5.1 创建饼图

在 MATLAB 中可以使用 pie 函数来创建饼图。饼图是一种展示不同部分占总体的相对比例的图表。下面是创建饼图的示例。

```
% 示例数据
votes = [45, 60, 30, 15];    % 各选项的票数
options = {'选项A', '选项B', '选项C', '选项D'};    % 选项名称

% 创建饼图
figure;
pie(votes, options);

% 添加标题
title('投票选项比例');

% 添加图例
legend(options, 'Location', 'Best');
```

在这个示例中，votes 包含各个选项的得票数，options 包含选项的名称。饼图显示了每个选项相对于总得票数的比例，使用户可以清晰地看到各个选项的相对重要性。这是一个有意义的例子，因为它能够可视化投票结果中每个选项的相对占比。我们可以根据自己的数据和需求创建类似的饼图。

运行上述代码，绘制饼图（见图7-18）。

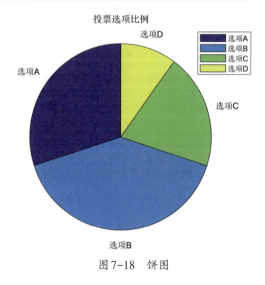

图 7-18 饼图

7.5.2 示例：绘制婴儿性别比例饼图

本示例从"婴儿出生数据.csv"文件读取婴儿出生数据，然后计算男性和女性婴儿的数量，使用 MATLAB 绘制饼图。

具体代码如下。

```
% 读取数据
```

```
data = readtable("data/婴儿出生数据.csv");                              ①

% 计算男女婴儿的数量
male_count = sum(data.gender == "M");                                  ②
female_count = sum(data.gender == "F");                                ③

% 计算男女婴儿的百分比
total_count = male_count + female_count;
male_percentage = (male_count / total_count) * 100;
female_percentage = (female_count / total_count) * 100;

% 使用 round 函数保留小数点后两位
male_percentage = round(male_percentage, 2);
female_percentage = round(female_percentage, 2);

% 创建一个包含男女婴儿数量和百分比的数据表
Gender = {'男性', '女性'};
Count = [male_count, female_count];
Percentage = [male_percentage, female_percentage];
gender_data = table(Gender', Count', Percentage', 'VariableNames', {'Gender',
'Count', 'Percentage'});                                               ④

% 创建饼图
figure;
pie_chart = pie(gender_data.Count, Gender); % 创建饼图,男性和女性的数量为数据  ⑤

% 添加标题
title('婴儿性别比例饼图', 'Position', [0, 1.0]);                         ⑥

% 添加百分比标签
text('Position', [0, 1.2], 'String', [num2str(male_percentage), '%'],
'FontSize', 12, 'HorizontalAlignment', 'center');
text('Position', [0, -1.2], 'String', [num2str(female_percentage), '%'],
'FontSize', 12, 'HorizontalAlignment', 'center');
```

主要代码解释如下。

代码第①行从名为"婴儿出生数据.csv"的文件中读取数据,并将数据存储在data表格中。

代码第②行使用sum函数,统计data表格中gender列等于"M"(男性)的行数,并将结果存储在male_count变量中。

代码第③行使用sum函数,统计data表格中gender列等于"F"(女性)的行数,并将结果存储在female_count变量中。

代码第④行构建一个表格数据gender_data，包含以下3列。

- Gender：性别分类，是一个类别向量。
- Count：每个性别的计数，是一个数字向量。
- Percentage：每个性别所占的百分比，是一个数字向量。

table函数可以用来从列向量构建表格数据，传入的'Gender'、'Count'、'Percentage'就是3个列向量。

代码第⑤行使用pie函数绘制了一个饼图，数据来自表格gender_data的Count列，表示每个性别的数量。Gender列提供了对应的性别类别。

代码第⑥行添加标题，其中'Position'参数指定了标题的位置，[0, 1.0]表示标题的水平和垂直位置。这个坐标是相对于图形的中心位置的。在这个例子中，水平位置为0，表示标题位于图形的中心，而垂直位置为1.0，表示标题位于图形的上方，略微下移。这个值可以根据需要进行调整，以确定标题的确切位置。

运行上述代码，绘制婴儿出生性别比例饼图，如图7-19所示。

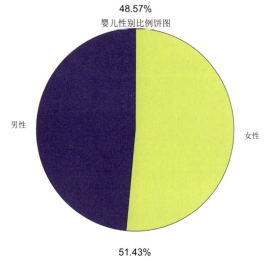

图7-19　婴儿出生性别比例饼图

7.6 本章总结

本章介绍了用于单变量数据可视化的不同图形类型，包括直方图、箱线图、密度图、小提琴图和饼图。每种图形都有其独特的应用，可帮助我们更好地理解数据的分布、分散性和比例关系。通过示例，我们学会了如何创建这些图形，使数据更容易理解和传达。

第8章 双变量图形绘制

双变量图形用于可视化两个变量之间的关系，在数据分析中应用广泛。本章将介绍几种常见而重要的双变量图形绘制方法，包括散点图、折线图、面积图、柱状图、条形图、热力图、针状图、阶梯图。

通过学习这些图形的绘制及对比同一数据的可视化效果，我们可以更好地分析变量之间的依赖关系。掌握双变量图形绘制对进行数据分析非常重要。

8.1 散点图

散点图是最基本的双变量图之一，用于显示两个变量之间的关系。每个数据点在图上表示为一个点，其中一个变量位于X轴，另一个变量位于Y轴。通过观察散点图，可以识别两个变量之间的趋势、关联性和离群值。

散点图通常用于以下情况。

（1）关联分析：散点图可以帮助我们确定两个变量之间是否存在关联关系。如果散点图显示数据点在图上形成一条趋势线（正相关或负相关），则可以说明两个变量之间存在一定的关联关系。

（2）异常值检测：通过查看散点图，我们可以轻松地识别任何偏离正常模式的异常值。异常值通常是图上离群的数据点。

（3）集群识别：如果散点图中存在多个簇（聚类），则可以推断数据在不同组之间具有不同的特性。

（4）趋势分析：散点图可以帮助分析数据的趋势，例如，是否存在周期性的模式或趋势。

（5）相关性分析：通过计算两个变量之间的相关系数，我们可以定量地衡量它们之间的关联程度。

以下是一些散点图的应用示例。

（1）金融市场分析：用于分析不同资产之间的相关性，以便构建投资组合。

（2）医学研究：用于研究药物剂量与患者症状之间的关系。

（3）生态学：用于分析不同环境因素之间的相互作用，如温度和物种多样性之间的关系。

（4）制造业质量控制：用于检测生产过程中的异常值和质量问题。

8.1.1 绘制散点图

散点图是一种用于可视化两个变量之间关系的图表。在 MATLAB 中可以使用 scatter 函数，scatter 函数的基本语法如下。

```
scatter(x, y)
```

其中参数 x 和 y 分别是包含 X 轴和 Y 轴数据的向量。

自定义图形：我们可以根据需要自定义图形，包括更改点的颜色、大小、标记符号等。scatter 函数提供了一些可选参数来进行自定义，具体如下。

- 'Marker'：用于指定标记符号（例如，'o' 表示圆点，'+' 表示十字，'s' 表示正方形等）。
- 'MarkerFaceColor'：用于指定标记的填充颜色。
- 'MarkerEdgeColor'：用于指定标记的边框颜色。
- 'SizeData'：用于指定标记的大小。

下面是一个简单的示例，演示如何在 MATLAB 中绘制一个简单的散点图。

```
% 生成随机数据
x = rand(50,1);              ①
y = rand(50,1);              ②

% 绘制散点图
scatter(x, y, 'Marker', 'o', 'MarkerFaceColor', 'b', 'MarkerEdgeColor', 'r', ...
        'SizeData', 100)                    ③

% 添加标题和轴标签
title('散点图示例')
xlabel('X轴')
ylabel('Y轴')
```

上述代码创建了一个包含 50 个随机生成的 X 坐标和 Y 坐标的数据点，并使用 scatter 函数绘制了一个散点图。代码解释如下。

代码第①行生成一个包含 50 个随机数的列向量 x。rand(50, 1) 函数会生成一个 50 行 1 列的矩阵，其中的每个元素都是 0 到 1 之间的随机数。这些随机数将用作 X 轴上的坐标。

代码第②行同样生成一个包含 50 个随机数的列向量 y，用作 Y 轴上的坐标。

代码第③行使用 scatter 函数绘制散点图。它接受两个向量 x 和 y 作为输入，这些向量包含散点图上的数据点坐标。接着，该行代码使用一系列参数来自定义散点图的样式，具体如下。

- 'Marker', 'o'：指定了标记符号，这里使用圆点作为标记。
- 'MarkerFaceColor', 'b'：指定了标记的填充颜色，这里是蓝色。
- 'MarkerEdgeColor', 'r'：指定了标记的边框颜色，这里是红色。
- 'SizeData', 100：指定了标记的大小，这里设置为 100，使标记变得比较大。

运行上述示例代码，绘制散点图如图8-1所示。

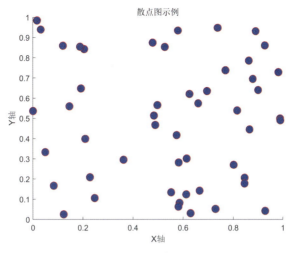

图8-1　绘制散点图

8.1.2 示例：绘制汽车燃油效率与马力散点图

本小节的数据来自mtcars.csv文件，它源自R语言内置的数据集，是一份包含有关汽车燃油效率的数据集，该文件内容如图8-2所示。

mtcars.csv数据集包含以下列信息。

● mpg：每加仑的英里数（Miles per Gallon），燃油效率，表示汽车每消耗一加仑汽油可以行驶的英里数。

● cyl：气缸数量，表示引擎的气缸数量。

● disp：排量（Displacement），表示发动机的排量。

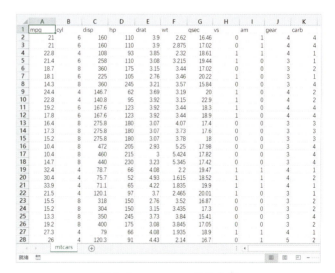

图8-2　mtcars.csv文件内容

● hp：马力（Horsepower），表示引擎的输出功率。

● drat：后桥速比（Rear Axle Ratio），表示后桥的速比。

● wt：车重（Weight），表示汽车的重量。

● qsec：1/4英里加速时间（Quarter Mile Time），表示汽车从静止加速到1/4英里所需的时间。

● vs：V/S，表示发动机形式，0表示V形发动机，1表示直列发动机。

● am：AM，表示传动方式，0表示自动变速器，1表示手动变速器。

● gear：传动挡位数，表示汽车的变速器挡位数。

- carb：化油器数量，表示汽车的化油器数量。

绘制汽车燃油效率与马力散点图的实现代码如下。

```
% 1. 读取 CSV 文件
data = readtable('data/mtcars.csv');                    ①

% 2. 提取数据
mpg = data.mpg;   % 提取燃油效率数据
hp = data.hp;     % 提取马力数据

% 3. 绘制散点图
scatter(hp, mpg, 'Marker', 'o', 'MarkerFaceColor', 'b', 'MarkerEdgeColor', ...
        'r', 'SizeData', 100)                           ②

% 4. 自定义图形
title('汽车燃油效率与马力散点图')
xlabel('马力 (hp)')
ylabel('燃油效率 (mpg)')
grid on

% 5. 显示图例
legend('汽车数据')
```

上述代码解释如下。

代码第①行从mtcars.csv文件读取数据，并将数据存储在名为data的数据表中。请确保文件路径正确。

代码第②行使用scatter函数绘制散点图，其中hp变量用作X轴，mpg变量用作Y轴。此外，通过一些参数设置，定制了散点的样式，包括标记符号（圆点），填充颜色（蓝色），边框颜色（红色）和标记的大小（100）。

运行上述代码，生成如图8-3所示的散点图。

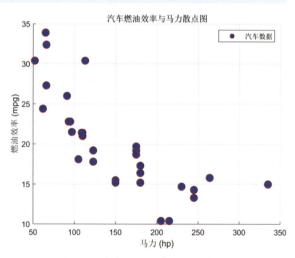

图8-3　汽车燃油效率与马力散点图

8.1.3　分类散点图

分类散点图是一种用于可视化分类或分组数据的图形表示方法，其中数据点按照类别分组，并以不同的颜色或标记符号进行区分。这有助于直观地比较不同组之间的数据分布。在 MATLAB 中，我们可以使用gscatter函数来创建分类散点图。

下面是gscatter函数的基本语法。

```
gscatter(x, y, group, colors, markers)
```

其中参数说明如下。
- x和y是数据点的X坐标和Y坐标,分别表示在散点图中水平和垂直的位置。
- group是一个包含分类信息的单元数组或单元矩阵,它定义了每个数据点所属的类别或分组。通常,每个元素对应于一个数据点,并指定了该数据点属于哪个组。
- colors是一个包含颜色的字符串数组,它定义了每个组的颜色。可以使用颜色名称(如 'r' 表示红色)或RGB值来指定颜色。
- markers是一个包含标记符号的字符串数组,它定义了每个组的标记符号。标记符号通常表示数据点的不同形状,如 'o' 表示圆圈,'x' 表示叉号等。

绘制分类散点图的示例代码如下。

```
% 创建示例数据
data = [randn(50, 1), randn(50, 1); 2 + randn(50, 1), 2 + randn(50, 1)];    ①
group = [repmat({'Group 1'}, 50, 1); repmat({'Group 2'}, 50, 1)]; % 分组标签  ②

% 使用 gscatter 函数创建分类散点图
gscatter(data(:,1), data(:,2), group, 'br', 'xo');                          ③

% 自定义图形
title(' 分类散点图示例 ');
xlabel('X 轴数据 ');
ylabel('Y 轴数据 ');
legend('Group 1', 'Group 2');
grid on;
```

代码第①行data是一个包含两组示例数据的矩阵。每组包含50个数据点,其中一组数据点具有均值接近0,另一组数据点具有均值接近2。

代码第②行group是一个单元数组,包含相应的分组标签。在这个示例中,group定义了两个组,每个组有50个数据点,分别标记为 'Group 1' 和 'Group 2'。

代码第③行用于创建分类散点图,参数说明如下。
- data(:,1) 和 data(:,2) 分别表示 X 轴和 Y 轴的数据。
- group 包含分组信息,帮助将数据点分为两组。
- 'br' 指定了两种颜色,'b' 表示蓝色,'r' 表示红色,用于表示两个不同的组。
- 'xo' 指定了两种标记符号,'x' 表示叉号,'o' 表示圆圈,用于表示两个不同的组。

运行示例代码,绘制图形如图8-4所示。

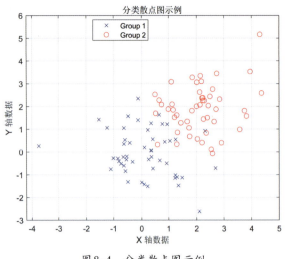

图 8-4　分类散点图示例

8.1.4 示例：绘制汽车燃油效率与马力分类散点图

mtcars.csv 数据集收集了有关不同汽车型号的数据，包括燃油效率（MPG，每加仑英里数）和马力（引擎的功率）。我们根据汽车的汽缸数（4 汽缸、6 汽缸、8 汽缸）对这些数据进行了分类，以便更好地了解不同汽车类型的性能表现。

为了可视化这些数据，我们创建了一个分类散点图。

绘制分类散点图的实现代码如下。

```
% 1. 读取 CSV 文件
data = readtable('data/mtcars.csv');

% 2. 提取数据
mpg = data.mpg;   % 提取燃油效率数据
hp = data.hp;     % 提取马力数据
cyl = data.cyl;   % 提取汽缸数数据

% 3. 使用 gscatter 函数创建分类散点图
gscatter(hp, mpg, cyl, ['b'; 'r'; 'g'], 'ox+*sdv^<>ph');

% 4. 自定义图形
title('汽车燃油效率与马力分类散点图');
xlabel('马力 (hp)');
ylabel('燃油效率 (mpg)');
legend('4 汽缸', '6 汽缸', '8 汽缸');
grid on
```

上述代码使用 gscatter 函数创建分类散点图，参数说明如下。

（1）hp(马力)作为 X 轴数据。

（2）mpg(燃油效率)作为 Y 轴数据。

（3）cyl(汽缸数量)作为分组变量。

（4）['b'; 'r'; 'g'] 用于指定不同汽缸数的汽车使用的颜色。蓝色代表 4 汽缸，红色代表 6 汽缸，绿色代表 8 汽缸。

（5）'ox+*sdv^<>ph' 用于指定不同汽缸数的汽车使用的不同标记符号。这些标记符号用于标识不同的数据组，其中每个字符对应一个标记符号，具体如下。

- 'o' 表示圆圈标记。
- 'x' 表示叉号标记。
- '+' 表示加号标记。
- '*' 表示星号标记。
- 's' 表示方形标记。
- 'd' 表示菱形标记。
- 'v' 表示下三角标记。
- '^' 表示上三角标记。
- '<' 表示左尖角标记。
- '>' 表示右尖角标记。
- 'p' 表示五角星标记。
- 'h' 表示六边形标记。

运行示例代码，绘制图形如图 8-5 所示。

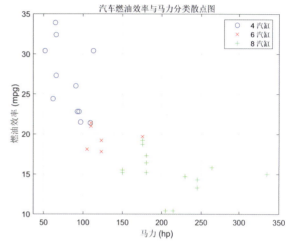

图 8-5　汽车燃油效率与马力分类散点图

8.2 折线图

折线图通常用于显示两个变量之间的趋势随时间的变化。

下面是一些折线图的应用示例。

（1）股票价格趋势图：折线图经常用于展示股票价格随时间的波动情况。X 轴通常表示时间，Y 轴表示股票价格，每个点对应某一时刻的股价。这种图形可以帮助投资者分析股票的走势和趋势。

（2）气温变化趋势图：气象学家使用折线图来展示某个地区的气温随季节或年份的变化。这种图形可以帮助人们理解气候模式和季节性变化。

（3）销售数据趋势图：企业可以使用折线图来跟踪产品销售数据随时间的变化。这种图形可以帮助企业管理者了解产品销售的季节性、趋势和周期性模式。

（4）生产指标趋势图：制造业可以使用折线图来监控生产指标，如产量、质量和效率随时间的变化。这有助于优化生产流程和识别潜在问题。

无论是在商业、科学、教育还是其他领域，折线图都是一种强大的工具，可用于可视化和分析随时间或其他连续性变量的数据趋势。

8.2.1 绘制折线图

MATLAB 中的 plot 函数用于创建折线图,它有多种语法形式,允许绘制不同样式的折线图。

❶ plot 函数的基本语法

```
plot(X, Y) % 绘制 X 轴和 Y 轴上的折线图
```

X 和 Y 是两个向量或数组,分别表示 X 轴和 Y 轴上的数据点。

❷ 自定义线条样式

plot 函数的语法可以根据自己的需求进行更多的自定义。以下是一些常见的 plot 函数的语法选项。

```
plot(X, Y, 'LineSpec') % 使用线条样式设置折线图
```

'LineSpec' 是一个字符串,用于设置线条样式,包括颜色、线型和标记。

以下是一些常见的线条样式参数:

- 'r': 红色。
- 'g': 绿色。
- 'b': 蓝色。
- 'k': 黑色。
- 'c': 青色。
- 'm': 品红色。
- 'y': 黄色。
- '--': 虚线。
- ':': 点线。
- 'o': 圆圈标记。
- '+': 加号标记。
- 'x': 叉号标记。
- 's': 方形标记。
- 'd': 菱形标记。
- 'v': 下三角标记。
- '^': 上三角标记。
- '<': 左尖角标记。
- '>': 右尖角标记。
- 'p': 五角星标记。
- 'h': 六边形标记。

我们可以将这些参数组合在一起,以创建具有不同颜色、线型和标记的折线图。

以下是一个具体的MATLAB示例，演示如何使用plot函数绘制简单的折线图。

```
% 1. 准备数据
x = [1, 2, 3, 4, 5];          % X轴数据点
y = [10, 15, 13, 18, 20];     % Y轴数据点

% 2. 创建折线图
plot(x, y, 'r--o', 'LineWidth', 2, 'MarkerSize', 8, 'MarkerFaceColor', 'b');

% 3. 自定义图形
title('示例折线图');           % 设置标题
xlabel('X轴数据');             % 设置X轴标签
ylabel('Y轴数据');             % 设置Y轴标签
grid on;                       % 启用网格线

% 4. 显示图例
legend('数据线');
```

上述代码使用plot函数绘制折线图，其中的参数说明如下。

● 'r--o' 是'LineSpec'参数，指定了线条样式。具体来说，'r'表示红色，'--'表示虚线，'o'表示圆圈标记。

● 'LineWidth', 2 设置了线条的宽度为2个单位。

● 'MarkerSize', 8 设置了标记的大小为8个单位。

● 'MarkerFaceColor', 'b' 设置了标记的填充颜色为蓝色。

运行上述代码，生成如图8-6所示的折线图。

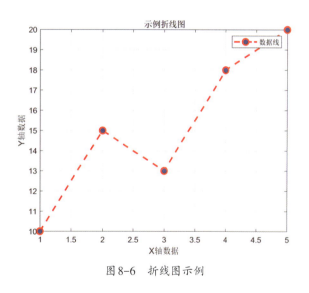

图8-6 折线图示例

8.2.2 示例：绘制婴儿出生数据折线图

在7.2.2小节我们使用过"婴儿出生数据.csv"数据，下面我们使用该数据集绘制婴儿出生数据折线图，具体代码如下。

```
% 导入数据
data = readtable('data/婴儿出生数据（清洗后）.csv');                    ①

% 合并年月日为日期
date = string(data.year) + "-" + string(data.month) + "-" + string(data.day);   ②
```

```matlab
date = datetime(date,'InputFormat','yyyy-MM-dd');                    ③

% 设置图形格式
set(groot,'defaultTextInterpreter','none');                          ④

% 创建图形
figure('Position',[100 100 1000 600]);

plot(date,data.births,'b-');                                         ⑤

% 添加标签及标题
xlabel(' 日期 ');
ylabel(' 出生数量 ');
title(' 婴儿出生数据折线图 ');

% 显示网格
grid on;

% 显示图形
set(gca,'TickLabelInterpreter','none');                              ⑥
datetick('x','yyyy-MM-dd','keeplimits')                              ⑦
```

主要代码解释如下。

代码第①行从"婴儿出生数据（清洗后）.csv"的文件中读取数据，并将其存储在一个数据表（table）变量 data 中。

代码第②行创建了一个新的字符串数组 date，它将数据表中的 "year"、"month" 和 "day" 列的值合并为一个日期字符串。

代码第③行将日期字符串 date 转换为日期时间对象，指定了日期字符串的格式为 'yyyy-MM-dd'。

代码第④行设置 MATLAB 图形的文本解释器，将其设置为 'none'，这样文本中的特殊字符（如下标和上标）将不会被解释，而会按原样显示。

代码第⑤行绘制折线图，其中 date 是 X 轴上的日期时间数据，data.births 是 Y 轴上的出生数量数据，'b-' 指定了线条的颜色（蓝色）和样式（实线）。

代码第⑥行设置 X 轴和 Y 轴的刻度标签解释器，将其设置为 'none'，以确保刻度标签中的特殊字符不会被解释，而会按原样显示。

代码第⑦行用于调整 X 轴上的日期时间刻度标签，使其按照指定的日期格式显示，并保持限制不变。

运行上述代码，生成如图 8-7 所示的折线图。

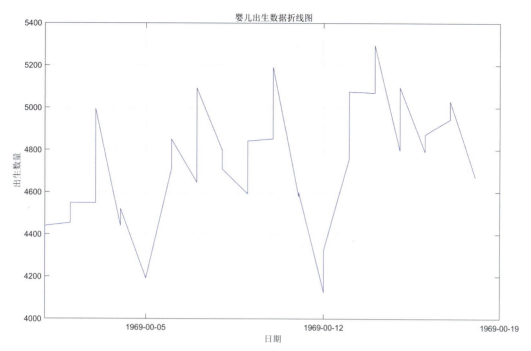

图 8-7 婴儿出生数据折线图

8.2.3 分类折线图

分类折线图是一种数据可视化图表,用于显示不同类别或组别之间的趋势或关系。它通常用于比较不同类别之间的数据变化,以便我们更好地理解模式、趋势和差异。分类折线图在统计分析和数据科学领域经常被用于呈现和分析数据。

以下是MATLAB示例代码,用于绘制分类折线图。

```
% 示例数据
categories = {'A', 'B', 'C', 'D'};                          ①
values1 = [10, 15, 7, 12];                                  ②
values2 = [5, 8, 10, 6];                                    ③

% 创建分类折线图
figure;
plot(1:numel(categories), values1, 'o-', 'LineWidth', 2, 'DisplayName',
'Series 1');                                                ④
hold on;
plot(1:numel(categories), values2, 's-', 'LineWidth', 2, 'DisplayName',
'Series 2');                                                ⑤

% 设置 x 轴标签
set(gca, 'XTick', 1:numel(categories));                     ⑥
```

```
set(gca, 'XTickLabel', categories);                    ⑦

% 添加标题和标签
title(' 分类折线图 ');
xlabel(' 分类 ');
ylabel(' 值 ');

% 添加图例
legend('Location', 'Best');

% 显示图形
grid on;
hold off;
```

上述代码解释如下。

代码第①行定义了一个包含分类标签的单元格数组 categories，其中包括四个不同的分类标签：'A'、'B'、'C' 和 'D'。

代码第②行创建一个数值数组 values1，其中包含与每个分类（在 categories 中定义的）对应的数值数据。例如，'A' 对应的数值是 10，'B' 对应的数值是 15，以此类推。

代码第③行创建另一个数值数组 values2，其中包含另一个数据系列的数值，与 values1 相似，但不一定相同。

代码第④行绘制第一个数据系列的命令。它使用 plot 函数，指定 X 轴位置为 1 到 4，这对应 categories 数组中的每个分类。'o-' 表示使用圆圈标记连接这些点，'LineWidth', 2 表示线的宽度为 2，'DisplayName' 用于指定该系列的名称为 Series 1。

代码第⑤行绘制第二个数据系列，具有不同的数值和标记样式，其名称为 Series 2。

代码第⑥行用于设置 X 轴的刻度位置，将其设置为 1 到 4，与 categories 中的分类对应。

代码第⑦行用于将 X 轴刻度的标签设置为实际的分类名称，即 'A'、'B'、'C' 和 'D'。

运行示例代码，绘制图形如图 8-8 所示。

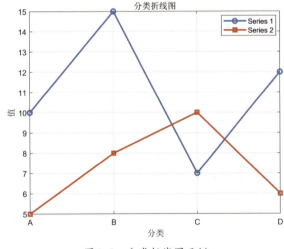

图 8-8　分类折线图示例

8.2.4　示例：绘制性别分类折线图

折线图通常用于可视化数值变量之间的趋势或关系，因此它的主要目的是显示数值变量的变化。折线图通常不直接用于显示分类变量的信息，但我们可以通过将分类变量映射到折线图的不同线条或颜色上,来实现在折线图中添加分类信息。

那么8.2.2小节的婴儿出生数据折线图可以按性别分类,实现代码如下。

```
% 导入数据
data = readtable('data/婴儿出生数据(清洗后).csv');

% 合并年、月、日为日期列
date = datetime(data.year, data.month, data.day);

% 创建图形
figure('Position', [100, 100, 1000, 600]);

% 使用不同颜色表示不同性别的折线
unique_genders = unique(data.gender);                              ①
colors = {'b', 'r', 'g', 'm', 'c'}; % 可以根据需要扩展颜色
legend_labels = cell(length(unique_genders), 1);                   ②

hold on;                                                            ③
for i = 1:length(unique_genders)                                    ④
    gender = unique_genders{i};
    index = strcmp(data.gender, gender); % 使用 strcmp 来比较
    subset = data(index, :);
    plot(date(index), subset.births, 'Color', colors{i});
    legend_labels{i} = gender;
end
hold off;                                                           ⑤

% 添加标题和标签
xlabel('日期');
ylabel('出生数量');
title('婴儿出生数据分类折线图');

% 设置图例
legend(legend_labels, 'Location', 'Best');

% 显示网格
grid on;
```

上述主要代码解释如下。

代码第①行在数据表data中,提取独特的性别值,将其存储在unique_genders变量中。这将用于循环以区分不同的性别。

代码第②行创建一个单元格数组 legend_labels,用于存储每个性别的图例标签。它的长度与不同性别的数量相同。

代码第③行 hold on 启用图形保持，允许在同一个图中绘制多个折线图。

代码第④行使用一个循环来遍历不同的性别类别，在循环体中处理如下。

（1）gender = unique_genders{i}：在每次迭代中，获取当前性别类别。

（2）index = strcmp(data.gender, gender)：使用strcmp函数比较data表中的性别列与当前性别，以创建一个逻辑索引 index，该索引用于筛选与当前性别匹配的行。

（3）subset = data(index, :)：基于逻辑索引 index，从数据表中筛选出与当前性别匹配的子集。

（4）plot(date(index), subset.births, 'Color', colors{i})：绘制了集的折线图，X轴为日期时间列 date（基于索引 index 的日期），Y轴为出生数量。颜色取自预定义的颜色数组 colors，不同性别使用不同颜色。

（5）legend_labels{i} = gender：将当前性别的标签存储在 legend_labels 中，以供后续创建图例使用。

代码第⑤行 hold off 禁用图形保持，表示不再向同一图中添加内容。

运行上述代码，生成如图8-9所示的折线图。

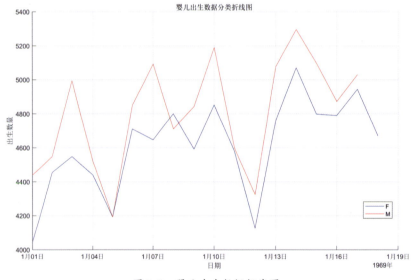

图8-9　婴儿出生数据折线图

8.3 面积图

面积图是一种用于可视化数据的图表类型，通常用于显示数据序列随时间或有序类别的变化趋势。它类似于折线图，但与折线图不同，面积图的下方区域通常被填充以突出数据的累积值或变化趋势。面积图常用于展示不同类别或组的数据在总体中的相对占比或堆积情况。

8.3.1 绘制面积图

在MATLAB中，要绘制面积图可以使用area函数，area函数语法如下。

```
area(x, y)
```

参数说明如下。

- x是X轴上的数据点的位置,通常是一个数值数组或向量。
- y是Y轴上的数据点的位置,也可以是一个矩阵,每一行代表一个不同的数据系列。

area函数会根据x和y创建面积图,其中每一行的y值代表一个数据系列,多个数据系列将会堆叠在一起。

area函数的常用参数和选项包括以下几个。

- 'BaseValue':指定填充区域的基准值,即从该值开始填充区域。
- 'FaceAlpha':设置填充区域的透明度,可以在0到1之间调整。
- 'EdgeColor':指定填充区域的边缘颜色。
- 'LineWidth':设置填充区域的边缘线宽度。

area函数的返回值是一个图形对象,可以用于进一步自定义图形的属性。

以下是一个示例,演示如何使用area函数绘制简单的面积图。

```
x = 1:10;
y1 = [1, 2, 3, 4, 5, 4, 3, 2, 1, 1];
y2 = [0, 1, 1, 2, 3, 3, 2, 1, 1, 0];

figure;
area(x, [y1; y2]', 'FaceAlpha', 0.5);
title('简单面积图');
xlabel('X轴');
ylabel('Y轴');
legend({'Series 1', 'Series 2'}, 'Location', 'Best');
grid on;
```

上述示例演示了如何使用area函数创建一个简单的面积图,包括两个数据系列 Series 1 和 Series 2,以及一些常用的可视化选项。

运行上述代码,生成如图8-10所示的面积图。

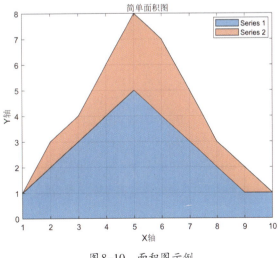

图8-10 面积图示例

8.3.2 示例：绘制婴儿出生数据面积图

为了看出面积图与折线图的区别，本小节将8.2.2小节绘制的折线图换成面积图实现，具体代码如下。

```matlab
% 导入数据
data = readtable('data/婴儿出生数据（清洗后）.csv'); %

% 合并年、月、日为日期
date = string(data.year) + "-" + string(data.month) + "-" + string(data.day);
%
date = datetime(date, 'InputFormat', 'yyyy-MM-dd'); %

% 设置图形格式
set(groot, 'defaultTextInterpreter', 'none'); %

% 创建图形
figure('Position', [100 100 1000 600]);

% 使用area函数创建面积图，并设置颜色为粉红色，以及颜色透明度
area(date, data.births, 'FaceColor', [1 0.75 0.796], 'FaceAlpha', 0.5); % 粉红色的RGB值 [1 0.75 0.796]

% 添加标签及标题
xlabel('日期');
ylabel('出生数量');
title('婴儿出生数据面积图');

% 显示网格
grid on;

% 设置日期标签解释器
set(gca, 'TickLabelInterpreter', 'none'); %
datetick('x', 'yyyy-MM-dd', 'keeplimits'); %
```

上述代码使用area函数创建面积图，该函数的参数说明如下。

- date 变量表示X轴上的日期。
- data.births 变量表示Y轴上的出生数量。
- 'FaceColor' 参数设置填充颜色为粉红色。
- 'FaceAlpha' 参数设置填充颜色的透明度为0.5，以使图形看起来更透明。

运行上述代码，生成如图8-11所示的面积图。

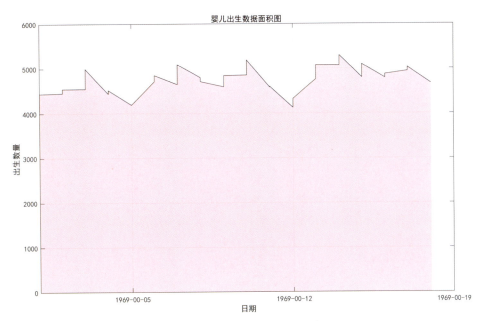

图 8-11 婴儿出生数据面积图

8.4 柱状图

柱状图可以用于比较不同类别或组之间的两个变量。一个变量通常表示在 X 轴上的不同类别或组,另一个变量表示在 Y 轴上的值。这种图形常用于显示类别数据的比较。

8.4.1 绘制柱状图

在 MATLAB 中,我们可以使用 bar 函数来绘制柱状图。以下是 bar 函数的基本语法。

```
bar(Y) % 绘制垂直柱状图,其中 Y 是一个包含数据的向量或矩阵。
bar(X, Y) % 绘制垂直柱状图,其中 X 是一个包含 X 轴刻度标签的单元格数组或字符串数组,Y 是数据的向量或矩阵。X 和 Y 的长度必须相同。
```

其中参数说明如下。

- Y:这是包含数据的向量或矩阵。对于单个柱状图,Y 通常是一个包含高度信息的向量。
- X:这是一个可选参数,用于指定 X 轴的刻度标签。可以使用单元格数组或字符串数组来定义刻度标签。长度必须与 Y 相同。
- width:这是一个可选参数,用于设置柱形的宽度。默认宽度是 0.8,但可以指定不同的宽度来调整柱状图的外观。

以下是一个简单的示例,演示如何使用 MATLAB 创建一个柱状图。

```
% 城市名称以中文形式存储
```

```
cities = {'纽约', '洛杉矶', '芝加哥', '迈阿密', '达拉斯'};
averageTemperature = [64, 75, 59, 78, 70];
% 绘制柱状图，设置颜色和颜色透明度
bar(1:numel(cities), averageTemperature, 'FaceColor', [0.5, 0.5, 1.0], ...
'FaceAlpha', 0.5)                                                    ①

% 设置X轴刻度标签
set(gca, 'XTick', 1:numel(cities))                                   ②
set(gca, 'XTickLabel', cities)                                       ③

% 添加标题和轴标签
title('美国不同城市的平均温度')
xlabel('城市')
ylabel('平均温度（华氏度）')

% 显示图例
legend('平均温度')
```

这段代码用于创建一个带有中文城市名称的柱状图，展示不同城市的平均温度，并通过颜色和颜色透明度来美化图表。

主要代码解释如下。

代码第①行使用 bar 函数创建柱状图。其中，参数说明如下。

- 1:numel(cities) 创建一个与城市数量相等的X轴位置，以确保每个城市都有一个柱子。
- averageTemperature 是 Y 轴的数值数据，表示每个城市的平均温度。
- 'FaceColor', [0.5, 0.5, 1.0] 设置柱子的颜色为浅蓝色。
- 'FaceAlpha', 0.5 设置柱子的透明度为0.5，使柱子半透明显示。

代码第②行设置X轴刻度的位置，确保每个城市的名称在X轴上显示。gca表示获取当前坐标轴，'XTick'设置X轴刻度的位置。

代码第③行将cities变量中的中文城市名称设置为X轴的刻度标签。这样，X轴将显示中文城市名称。

运行上述代码，生成如图8-12所示的柱状图。

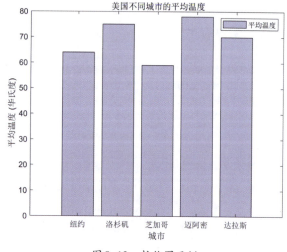

图 8-12 柱状图示例

8.4.2 示例：绘制不同汽车型号的燃油效率柱状图

MATLAB提供了内置数据集 carsmall，我们可以使用这个数据集来进行可视化分析，比较不同汽车型号的燃油效率。柱状图是一个很好的可视化工具，可以帮助呈现和比较不同汽车型号的燃油效率。

具体实现代码如下。

```
% 加载 "carsmall" 数据集
load carsmall;                                                          ①
% 选择要绘制柱状图的数据列，例如 MPG（每加仑英里数）
mpgData = MPG;                                                          ②

% 创建一个新的图形窗口并设置其尺寸
figure('Position', [100, 100, 1200, 400]);  % 调整图表的宽度为 1200，高度为 400（可
以根据需要调整）
% 创建柱状图
bar(mpgData);                                                           ③

% 添加标题和轴标签

title('carsmall 数据集 MPG 数据');
xlabel(' 汽车索引 ');
ylabel(' 每加仑英里数 (MPG)');

% 获取车辆名称（X 轴标签）
carNames = cellstr(Model);                                              ④

% 设置 X 轴标签的间隔，例如每隔 2 个车辆显示一个标签
xTickInterval = 2;                                                      ⑤

% 为了减少 X 轴标签的拥挤，只显示部分标签
xTickPositions = 1:xTickInterval:length(carNames);                      ⑥
xTickLabels = carNames(xTickPositions);                                 ⑦

% 在图上设置 X 轴标签位置和标签值
set(gca, 'XTick', xTickPositions);
set(gca, 'XTickLabel', xTickLabels);

% 使 X 轴标签倾斜以提高可读性
xtickangle(45);                                                         ⑧

% 显示图例（如果需要）
legend('MPG');

% 显示图形
```

```
grid on;
```

上述主要代码介绍如下。

代码第①行 load carsmall 实际上加载了内置数据集 carsmall，其中包含有关不同汽车型号的数据。

代码第②行将选定的列（在这种情况下是 MPG）存储在 mpgData 变量中，以供后续使用。

代码第③行创建了柱状图，以显示 mpgData 中的数据。

代码第④行将车辆名称存储在 carNames 变量中，以供后续使用。

代码第⑤行设置 X 轴标签的间隔，以减少拥挤感。

代码第⑥行代码计算 X 轴标签的位置，以显示每隔一定数量的车辆标签。

代码第⑦行根据计算的位置获取 X 轴标签的标签值。

代码第⑧行使 X 轴标签倾斜以提高可读性。

运行上述代码，生成如图 8-13 所示的柱状图。

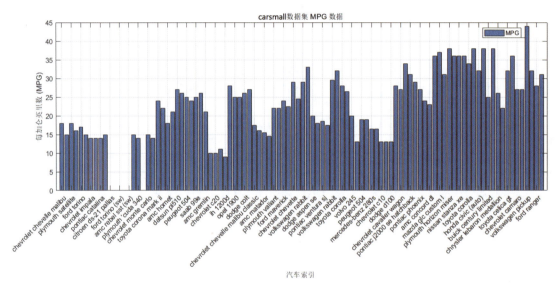

图 8-13 不同汽车型号的燃油效率柱状图

8.5 条形图

条形图是一种用于可视化数据的图形类型，通常用于比较不同类别或组之间的数据值。它由一组垂直或水平的条形（也称为柱形）组成，每个条形的高度（或长度）表示相应类别或组的数据值。

8.5.1 条形图与柱状图的区别

条形图和柱状图在数据可视化中常用于相似的目的，但它们之间存在一些重要区别，具体表现在以下几个方面。

（1）方向。
- 条形图通常是水平的，条形从左到右延伸，每个条形的长度表示相应类别或组的数据值。
- 柱状图通常是垂直的，柱子从下到上延伸，每个柱子的高度表示相应类别或组的数据值。

（2）用途。
- 条形图常用于比较不同类别或组之间的数据，特别是当类别名称较长或需要显示在图形的底部时。
- 柱状图也用于比较不同类别或组的数据，但通常在类别名称较短或可以垂直显示时更常见。

（3）视觉效果。

由于方向不同，条形图和柱状图的视觉效果有所不同。水平的条形图在比较多个类别时可能需要更多的水平空间，而垂直的柱状图在比较多个类别时可能需要更多的垂直空间。

总的来说，条形图和柱状图都是强大的数据可视化工具，可以用于比较不同类别或组之间的数据。我们可以根据自己的数据和可视化需求选择使用哪种类型的图形，通常取决于数据的性质及如何更好地传达信息。

8.5.2 绘制条形图

绘制条形图可以使用barh函数，barh函数用于创建水平条形图，其中柱子的长度表示数据的值，而Y轴表示不同的类别或组。如果有较长的类别或组名称，并希望它们在图中显示得更清晰，或者如果更喜欢水平显示柱状图，那么使用barh函数是一个好选择。下面是一个使用barh函数的示例。

```
data = [5 3 8 1 7];

figure;
barh(data,'FaceColor','g')

title('My Horizontal Bar Chart')
ylabel('Category')
xlabel('Value')

set(gca,'YTickLabel',{'A','B','C','D','E'})
```

运行上述代码会绘制一个横向的绿色条形图，如图8-14所示。

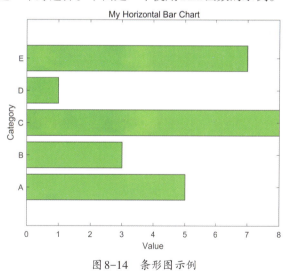

图8-14 条形图示例

8.5.3 示例：绘制不同汽车型号的燃油效率条形图

条形图和柱状图非常相似，那么本小节将8.4.2小节绘制的柱状图换成条形图实现，具体代码如下。

```matlab
% 加载 "carsmall" 数据集
load carsmall;

% 选择要绘制条形图的数据列，例如 MPG（每加仑英里数）
mpgData = MPG;

% 创建一个新的图形窗口并设置其尺寸
figure('Position', [100, 0, 1200, 800]); % 增加图形的高度为 600 或更大

% 创建条形图（使用 barh 函数创建水平条形图）
barh(mpgData);     % 注意这里使用了 barh 函数                          ①

% 添加标题和轴标签
title('carsmall 数据集 MPG 数据');
xlabel(' 每加仑英里数 (MPG)');   % X 轴标签
ylabel(' 汽车索引 ');   % Y 轴标签

% 获取车辆名称（Y 轴标签）
carNames = cellstr(Model);

% 设置 Y 轴标签的间隔，例如每隔 2 个车辆显示一个标签
yTickInterval = 2;

% 为了减少 Y 轴标签的拥挤，只显示部分标签
yTickPositions = 1:yTickInterval:length(carNames);
yTickLabels = carNames(yTickPositions);

% 在图上设置 Y 轴标签位置和标签值
set(gca, 'YTick', yTickPositions);
set(gca, 'YTickLabel', yTickLabels);

% 显示图例（如果需要）
legend('MPG');

% 显示图形
grid on;
```

主要代码解释如下。

代码第①行使用barh(mpgData)函数创建了水平条形图，其中柱子的长度表示MPG数据。

运行上述代码，生成如图8-15所示的条形图。

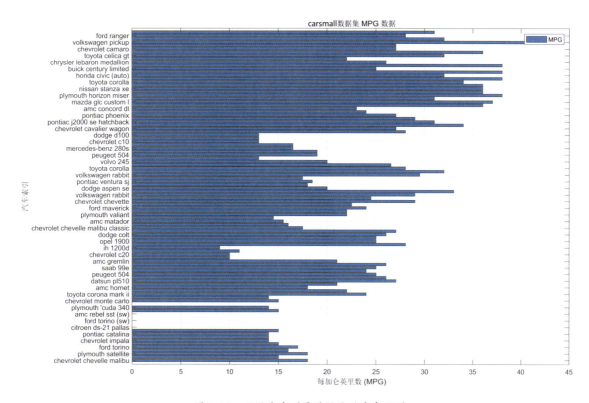

图8-15 不同汽车型号的燃油效率条形图

8.6 热力图

热力图：热力图用于可视化两个分类变量之间的关系，通过颜色编码来表示不同组合的频率或值。它可以帮助识别变量之间的相关性和模式。

在科技领域，热力图可以用于可视化和分析各种类型的数据，帮助科学家、工程师和研究人员发现模式、趋势和关联性。以下是科技领域中的一些重点应用场景。

（1）温度分布：在气象学中，热力图可以用于显示地理区域的温度分布情况。每个单元格表示一个地理位置，颜色表示温度。

（2）基因表达分析：在生物学中，热力图通常用于可视化基因表达数据。行表示基因，列表示样本，单元格的颜色表示基因在不同样本中的表达水平。

（3）金融分析：在金融领域，热力图可以用于可视化不同股票或资产之间的相关性。每个单元格可以表示两种资产之间的相关性，颜色深浅表示相关性的强度。

（4）图像处理：在计算机视觉中，热力图可以用于表示图像中不同区域的像素强度。这有助于完成图像分割、特征提取等任务。

总的来说，热力图是一种强大的工具，可用于可视化和分析各种类型的数据，帮助用户快速识别模式、关联性和趋势。在实际应用中，可以根据数据和分析目标来定制热力图的样式和参数。

8.6.1 绘制热力图

要在 MATLAB 中绘制热力图，可以使用 heatmap 函数，该函数适用于二维数据矩阵的可视化。以下是绘制热力图的基本示例。

```
% 创建示例数据矩阵
data = rand(5, 5);    % 使用随机数据作为示例

% 创建热力图
heatmap(data);

% 添加标题
title('示例热力图');
```

在上面的示例中，我们首先创建了一个示例数据矩阵 data，其中我们使用了 rand 函数生成的随机数据。其次，我们使用 heatmap(data) 创建了热力图，该图显示了矩阵中每个元素的颜色表示其数值大小。最后，我们使用 title 添加了图表的标题。

要自定义热力图的外观，可以使用 heatmap 函数的参数来更改颜色映射、标签、调整行列标签的位置和其他属性。可以根据实际数据和需求进一步自定义热力图。

运行上述代码，生成如图 8-16 所示的热力图。

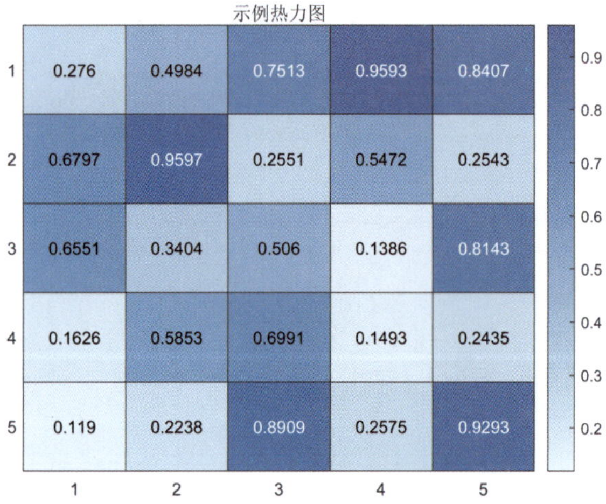

图 8-16　热力图示例

8.6.2 示例：绘制汽车性能相关性热力图

在这个示例中，我们使用了 MATLAB 内置数据集 carsmall，采用热力图的方式，对不同汽车性能参数之间的相关性进行了可视化分析。

carsmall 数据集包含多个汽车性能参数，如燃油效率（MPG）、马力（Horsepower）、车重（Weight）、加速度（Acceleration）等。我们使用了这些参数来创建一个热力图，以展示它们之间的相关性。

> **提示** ⚠ 相关性是一种用于衡量两个或多个变量之间关系的统计概念。在数据分析和统计学中，相关性通常表示一个变量如何与另一个变量一同变化或相互关联。相关性可以帮助我们理解变

量之间的依赖性及它们之间的关系强度和方向。

相关性可以分为以下几个常见类型。

（1）正相关性：当两个变量之间存在正相关性时，它们通常一起增加或一起减少。这意味着当一个变量增加时，另一个变量也增加，反之亦然。正相关性通常用正数表示，接近+1表示相关性很强。

（2）负相关性：当两个变量之间存在负相关性时，它们通常一个增加，另一个减少。这意味着当一个变量增加时，另一个变量减少，反之亦然。负相关性通常用负数表示，接近-1表示相关性很强。

（3）无相关性：当两个变量之间没有明显的关系时，它们被认为是无相关性的。相关性接近0，表示变量之间关系弱或几乎不存在。

相关性的度量通常使用相关系数来表示，其中最常见的是皮尔逊相关系数。皮尔逊相关系数衡量两个变量之间的线性关系。除了皮尔逊相关系数，还有其他相关系数，如斯皮尔曼相关系数和肯德尔相关系数，用于测量非线性关系或排序数据的相关性。

绘制汽车性能相关性热力图的实现代码如下。

```matlab
% 加载内置数据集 "carsmall"（包含汽车性能相关信息）
load carsmall;                                                    ①

% 选择要考虑的性能参数列
selectedData = [MPG, Horsepower, Weight];                         ②
% 计算非缺失值之间的相关性系数矩阵
correlationMatrix = corrcoef(selectedData, 'rows', 'pairwise');   ③

% 使用 MATLAB 创建相关性热力图
figure;
heatmap(correlationMatrix);                                       ④
% 修改颜色映射
colormap('parula')                                                ⑤

% 设置热力图的标题
title('汽车性能相关性热力图');

% 设置 X 轴和 Y 轴标签
xlabel('性能参数');
ylabel('性能参数');
```

上述主要代码解释如下。

代码第①行加载MATLAB内置的carsmall数据集，该数据集包含多个汽车性能参数的信息，如燃油效率（MPG）、马力（Horsepower）和车重（Weight）。

代码第②行择了要考虑的性能参数列，包括燃油效率（MPG）、马力（Horsepower）和车重（Weight）。这些参数将用于计算相关性。

代码第③行计算了选定性能参数之间的相关性系数矩阵。corrcoef 函数用于计算相关系数，'rows' 参数表示计算非缺失值之间的相关性，'pairwise' 参数表示计算所有可能的配对。

代码第④行使用heatmap函数创建相关性热力图，将相关性系数矩阵进行可视化展示。

代码第⑤行通过colormap函数，设置热力图的颜色映射为'parula'，这会影响热力图单元格颜色的显示方式。在这里，使用parula颜色映射。除了'parula'外，还有一些常用的颜色映射，具体如下。

● Jet：Jet颜色映射在MATLAB中是最常用的，它使用明亮的彩虹色彩，从蓝色到红色。这种颜色映射对于表示数据的变化非常直观，但在一些情况下可能不适合，因为它在色彩上有很强的对比度。

● Hot：Hot颜色映射使用温度感应的颜色，从黑色到红色到黄色。它适用于表示热度或温度变化。

● Cool：Cool颜色映射使用冷色调，从蓝色到紫色。它通常用于表示冷热程度的变化。

● Spring：Spring颜色映射使用春季感觉的颜色，从品红色到黄色。

● Copper：Copper颜色映射用于表示铜金属的颜色。

● Gray：Gray颜色映射使用不同灰度级别的颜色。

● Bone：Bone颜色映射使用骨骼颜色，从黑色到白色。

● Pink：Pink颜色映射使用粉红色系的颜色。

这些颜色映射中的每一个都有自己独特的用途和特点，选择正确的颜色映射通常取决于用户的数据和希望表达的信息。

运行上述代码，生成如图8-17所示的热力图。

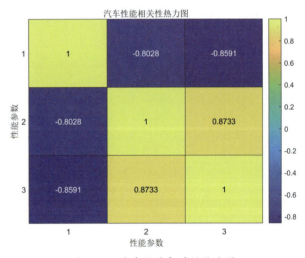

图8-17 汽车性能相关性热力图

8.7 针状图

针状图（Stem Plot）通常用于可视化离散数据或序列的变化趋势。它强调离散数据点的振幅或值，并在图形上以垂直线段（"针"）的形式表示这些值。以下是针状图的一些主要应用方面。

（1）信号处理：在信号处理中，针状图常用于显示数字信号的样本或脉冲序列。它帮助分析信号的振幅、频谱和时域特性。

（2）数学教育：在教育领域，针状图可用于教授数学中的点、向量、序列或分布概念。它可用于可视化离散数据集。

（3）实验数据分析：科学实验中采集到的数据点，如温度测量、压力测量等，可以使用针状图可视化，以帮助分析实验数据的趋势。

（4）时间序列分析：针状图适用于表示时间序列数据，特别是在离散时间点上的观测值，如气象数据、股票价格等。

（5）数字滤波器分析：在数字滤波器设计和分析中，针状图可用于表示滤波器的冲激响应，显示滤波器如何影响信号。

（6）峰值检测：在信号处理中，针状图可用于检测信号中的峰值或特定事件。

总之，针状图是一种用于可视化离散数据或强调离散性的图形工具，适用于多种应用领域。

8.7.1 绘制针状图

在 MATLAB 中，要绘制针状图，可以使用 stem 函数。以下是绘制针状图的基本示例。

```
% 创建示例数据
x = 1:10;
y = [3, -2, 5, 1, 0, -2, 4, 6, -1, 3];

% 使用 stem 函数创建针状图
stem(x, y, 'r', 'filled');
title(' 示例针状图 ');
xlabel(' 数据点 ');
ylabel(' 值 ');
```

在上述示例中，我们首先创建了一个包含离散数据点的示例数据集。然后，我们使用 stem 函数创建了针状图，其中红色的垂直线段表示每个数据点的值。'filled' 参数用于填充针状标记，以使它们更容易识别。

运行上述代码，生成如图 8-18 所示的针状图。

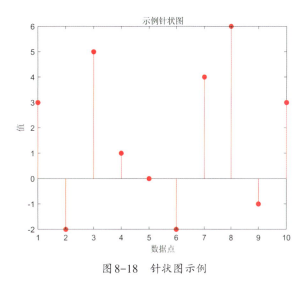

图 8-18 针状图示例

8.7.2 示例：绘制太阳黑子区域面积随时间的变化针状图

本小节示例是展示如何绘制太阳黑子区域面积随时间的变化的针状图。这个示例的目的是可视化太阳黑子区域的时间序列数据，以观察其变化趋势和活动。该示例数据来自 sunspotarea.csv

文件，该文件内容如图8-19所示。

sunspotarea.csv数据集包含有关太阳黑子区域的历史数据。太阳黑子是太阳表面上的一种现象，它通常以较暗的区域出现，这些区域在太阳表面上的温度较低，与周围的区域相比较冷。太阳黑子的出现和活动与太阳活动周期有关，对太阳物理学和气候研究具有重要意义。

这个数据集包含列解释如下。

- date列：表示观察的日期，通常以年-月-日的格式表示。
- value列：表示在给定日期的太阳黑子区域的面积或大小。这通常以某种面积单位（可能是平方千米或其他单位）表示。

这些数据可用于研究太阳黑子的周期性、变化和活动，以及它们与太阳活动的关系。

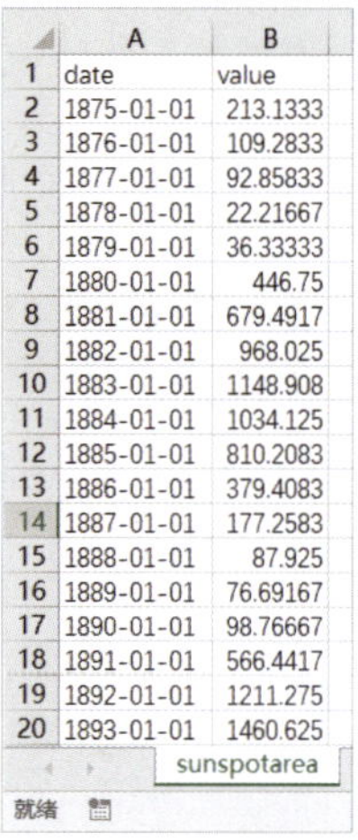

	A	B
1	date	value
2	1875-01-01	213.1333
3	1876-01-01	109.2833
4	1877-01-01	92.85833
5	1878-01-01	22.21667
6	1879-01-01	36.33333
7	1880-01-01	446.75
8	1881-01-01	679.4917
9	1882-01-01	968.025
10	1883-01-01	1148.908
11	1884-01-01	1034.125
12	1885-01-01	810.2083
13	1886-01-01	379.4083
14	1887-01-01	177.2583
15	1888-01-01	87.925
16	1889-01-01	76.69167
17	1890-01-01	98.76667
18	1891-01-01	566.4417
19	1892-01-01	1211.275
20	1893-01-01	1460.625

sunspotarea

就绪

图8-19　sunspotarea.csv文件内容（部分）

绘制太阳黑子区域面积随时间的变化针状图的实现代码如下。

```
% 从 CSV 文件中读取数据
data = readtable('data/sunspotarea.csv');
date = data.date; % 日期数据
value = data.value; % 太阳黑子区域面积数据

% 创建一个大一点的图形
figure;
set(gcf, 'Position', [100, 100, 1000, 400]); % 设置图形的位置和大小

% 自定义颜色映射
colors = parula(length(date)); % 生成一系列颜色                    ①
colormap(colors); % 应用颜色映射                                   ②

% 使用 stem 函数创建针状图
stem(date, value, 'filled', 'MarkerEdgeColor', 'b', 'LineWidth', 1);   ③
title('太阳黑子区域面积随时间的变化');
xlabel('日期');
ylabel('面积');
xtickangle(45); % 旋转日期标签，以防它们重叠
colorbar; % 添加颜色条以表示颜色对应的日期
```

上述主要代码解释如下。

代码第①行生成一系列颜色，其中颜色的数量与日期数据的长度相匹配。这将创建一种颜色映射，使得不同日期点的针状图具有不同的颜色。

代码第②行使用colormap函数将自定义颜色映射应用于图形，以确保不同日期点的颜色按照颜

色映射进行着色。

代码第③行使用stem函数创建针状图,其中参数说明如下。

- 参数'filled'用于填充标记。
- 'MarkerEdgeColor'用于指定标记的边缘颜色为蓝色('b')。
- 'LineWidth'用于指定标记的线宽为1。

运行上述代码,生成如图8-20所示的针状图。

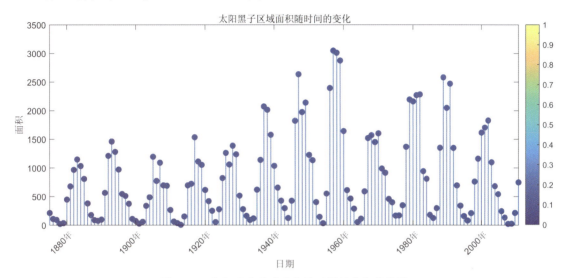

图8-20　太阳黑子区域面积随时间的变化针状图

8.8 阶梯图

阶梯图(Staircase Plot)是一种数据可视化方法,通常用于表示离散数据的变化趋势,特别是在不同时间点或类别之间。阶梯图的特点是在数据点之间使用水平或垂直的线段来显示数据的变化,而不是通过连续的线段来表示趋势。

阶梯图通常用于以下情况。

(1)时间序列数据:用于可视化时间序列数据的变化,如股票价格、气温、电力使用情况等。每个数据点代表一个特定时间点的观测值。

(2)累积数据:用于表示累积数据的变化,例如累积销售额或总体积。每个数据点代表一个累积事件后的观测值。

(3)分类数据:用于表示不同类别或分组之间的变化,例如市场份额、不同地区的销售额等。每个数据点代表一个不同的类别。

(4)财务数据:在财务领域中,阶梯图可用于表示各种会计账户的变化,如资产、负债和所有者权益。

阶梯图的特点是在相邻数据点之间垂直或水平地连接线段，以突出离散数据的变化趋势。这种表示方式有助于观察数据的阶跃性变化或不连续性。

8.8.1 绘制阶梯图

在MATLAB中，可以使用stairs函数来创建阶梯图。通过绘制不同数据点之间的线段，我们可以清晰地表示数据的变化趋势。这对于显示离散数据的变化非常有用。

以下是一个使用MATLAB创建阶梯图的简单示例。

```matlab
% 创建示例数据
x = [1, 2, 3, 4, 5];
y = [10, 12, 8, 15, 9];

% 使用 stairs 函数创建阶梯图
stairs(x, y, 'r', 'LineWidth', 2);

% 添加标题和轴标签
title('示例阶梯图');
xlabel('X轴');
ylabel('Y轴');
```

这个示例首先创建了一个包含X轴和Y轴数据的示例数据集。然后，使用stairs函数创建了一个阶梯图，其中X轴上的数据点 x 和Y轴上的数据点 y 被连接成线段。'r' 参数用于指定线段的颜色为红色，'LineWidth' 参数指定线宽为2。

运行上述代码，生成如图8-21所示的阶梯图。

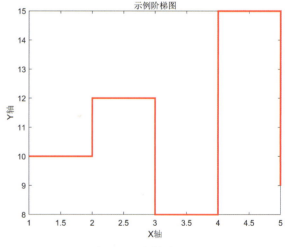

图 8-21 阶梯图示例

8.8.2 示例：绘制太阳黑子区域面积随时间的变化阶梯图

8.7.2小节绘制的针状图也可以使用阶梯图来可视化，分析太阳黑子区域面积随时间的变化情况，具体实现代码如下。

```matlab
% 从 CSV 文件中读取太阳黑子区域面积数据
data = readtable('data/sunspotarea.csv');
date = datetime(data.date, 'InputFormat', 'yyyy-MM-dd'); % 转换日期格式
area = data.value; % 太阳黑子区域面积数据
```

```
% 创建一个大一点的图形
figure;
set(gcf, 'Position', [100, 100, 1000, 400]);

% 使用 stairs 函数创建阶梯图
stairs(date, area, 'r', 'LineWidth', 2);
title('太阳黑子区域面积随时间的变化');
xlabel('日期');
ylabel('面积');
xtickangle(45); % 旋转日期标签，以防它们重叠

stairs(date, area, 'r', 'LineWidth', 2);
```

上述代码使用stairs函数创建了一个阶梯图。具体参数如下。

- date：X轴上的日期数据。
- area：Y轴上的太阳黑子区域面积数据。
- 'r'：指定阶梯图的线段颜色为红色。
- 'LineWidth'：指定线段的线宽为2。

运行上述代码，生成如图8-22所示的阶梯图。

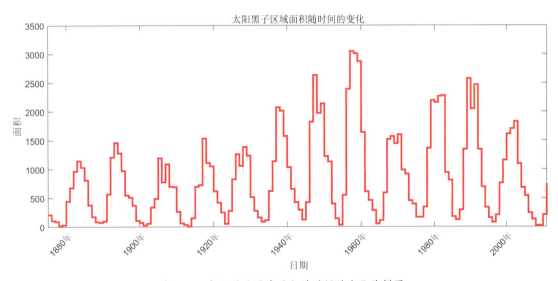

图8-22　太阳黑子区域面积随时间的变化阶梯图

8.9 本章总结

本章介绍了多种用于双变量数据的可视化方法，包括散点图、折线图、面积图、柱状图、条形图、热力图、针状图和阶梯图。这些方法有助于呈现双变量数据的关系，如趋势、相关性和分布。

第9章 多变量图形绘制

多变量图形用于可视化和分析多个变量之间的关系和模式。以下是一些常见的多变量图形类型。
- 气泡图
- 堆积折线图
- 堆积面积图
- 堆积柱状图
- 平行坐标图
- 散点图矩阵

这些类型的多变量图形有助于更好地展示多维数据的关系，包括关联性、趋势、累积效应和不同组数据的比较。

9.1 气泡图

气泡图是一种数据可视化图形，用于展示三个或更多变量之间的关系。它类似于散点图，但在气泡图中，除了横轴和纵轴上的数据点之外，还使用一个或多个气泡的大小来表示第三个或更多的变量。

气泡图通常由以下要素组成。

（1）横轴（X轴）：横轴通常表示数据集中的一个变量，通常是一个数值变量。

（2）纵轴（Y轴）：纵轴也表示数据集中的一个变量，通常也是一个数值变量。

（3）气泡的大小：气泡的大小表示数据集中的另一个数值变量。气泡的大小可以根据该变量的数值来调整，通常使用面积或直径来表示。较大的气泡表示较大的数值，而较小的气泡表示较小的数值。

（4）气泡的颜色：气泡的颜色可以表示数据集中的第四个变量，通常是一个分类变量。不同的颜色表示不同的类别或子组，这有助于进一步区分数据。

（5）数据点标签（可选）：我们还可以选择在气泡上添加标签，以显示具体数值或其他相关信息。

气泡图的应用范围非常广泛,以下是气泡图常见的一些应用场景。

(1)经济数据分析:气泡图常用于展示不同国家或地区的经济指标,如国内生产总值(GDP)和人均收入之间的关系。横轴可以表示GDP,纵轴表示人均收入,而气泡的大小可以表示人口数量,不同颜色的气泡代表不同的地区或国家,这有助于比较各地区的经济状况。

(2)金融市场分析:在金融领域,气泡图可以用于展示不同资产类别的回报率、波动性和市值之间的关系。这有助于投资者识别风险和回报之间的权衡。

(3)科学研究:科学研究中的气泡图可以用于展示实验结果,其中横轴和纵轴表示两个相关变量,而气泡的大小可以表示第三个变量,例如实验样本的数量。

(4)地理信息系统(GIS):气泡图在GIS中常用于地理数据的可视化,其中横轴和纵轴表示地理坐标,气泡的大小可以表示地区的人口或某种地理现象的强度。

(5)环境科学:在环境科学领域,气泡图可以用于显示不同地区或国家的环境指标,如二氧化碳排放量和可再生能源使用情况,以便进行环境政策和可持续发展研究。

(6)医疗和生物学:气泡图可以用于显示不同治疗方案的效果,其中横轴和纵轴表示治疗参数,气泡的大小表示患者数量,不同颜色的气泡可能表示不同的疾病类型。

(7)社会科学:社会科学研究中,气泡图可以用于分析社会变量之间的关系,如教育水平、收入和居住地的关联,以便让大家理解社会问题和趋势。

这些只是气泡图的一些应用示例,实际上,气泡图可以用于任何需要同时展示多个变量之间关系的场景。通过合理选择横轴、纵轴、气泡大小和颜色的变量,可以帮助分析师和决策者更好地理解数据,做出有意义的决策。

9.1.1 气泡图与散点图的区别

气泡图实际上是一种特殊类型的散点图,它在散点图的基础上引入了额外的维度,通过点的大小和颜色来表示第三个维度的信息。

它们之间有一些重要的区别,如下所示。

(1)点的大小和颜色表示。

- 散点图:在散点图中,所有的数据点通常具有相同的大小和颜色。它们的主要目的是显示数据点之间的分布、关联性和趋势。

- 气泡图:气泡图通过点的大小和颜色来表示一个或多个额外的变量。通常,气泡图使用点的大小来表示数据点的某种特征或值,而点的颜色则用于表示另一个特征或值。这使得气泡图能够同时传达更多的信息。

(2)数据的多维度表示。

- 散点图:散点图主要用于显示两个变量之间的关系,其中一个变量位于X轴,另一个变量位于Y轴。这使得散点图适用于探索两个变量之间的相关性。

- 气泡图：气泡图通常用于同时表示三个或更多变量之间的关系。除了X轴和Y轴上的两个变量外，点的大小和颜色还可以用来表示其他维度的信息。

（3）适用场景。

- 散点图：散点图适用于探索和呈现数据点之间的分布、趋势、异常值等关系。它特别适合用于比较两个变量之间的关联性。
- 气泡图：气泡图更适合于展示多个变量之间的复杂关系，尤其是在需要同时考虑大小和颜色的情况下。它在多变量分析、数据聚类和区分数据子集时非常有用。

总之，气泡图和散点图都是重要的数据可视化工具，但它们在表示多维数据关系和信息传达方面有不同的优势。选择使用哪种图形类型通常取决于具体的数据集和分析目的。

9.1.2 绘制气泡图

要绘制气泡图，可以使用MATLAB中的scatter函数。以下是绘制气泡图的示例代码。

```matlab
% 创建一些示例数据
x = [3, 2, 3, 4, 5]; % X轴数据
y = [2, 4, 5, 4, 5]; % Y轴数据
z = [10, 20, 30, 40, 50]; % 第三个变量，用于气泡的大小数据

% 设置气泡的大小范围
minSize = 10; % 最小气泡大小
maxSize = 100; % 最大气泡大小
% 根据第三个变量计算气泡的大小
bubbleSize = (z - min(z)) / (max(z) - min(z)) * (maxSize - minSize) + minSize; ①

% 绘制气泡图
scatter(x, y, bubbleSize, z, 'filled'); % 散点图                                    ②
colormap('jet'); % 设置颜色映射

% 添加颜色条
colorbar;

% 添加标签和标题
xlabel('X轴');
ylabel('Y轴');
title('气泡图');
```

上述主要代码解释如下。

代码第①行bubbleSize通过以下计算来确定每个气泡的大小。

- z − min(z)：计算z中的值相对于最小值的偏移。
- / (max(z) − min(z))：将偏移值除以z的范围，将值缩放到0到1之间。
- (maxSize − minSize)：将值缩放到指定的最小和最大气泡大小范围。
- + minSize：将值平移，以确保最小值为minSize。

代码第②行使用scatter函数创建气泡图，其中参数说明如下。

- x和y表示X轴和Y轴的数据。
- bubbleSize控制了气泡的大小。
- z控制了气泡的颜色。
- 'filled'选项表示填充气泡。

运行示例代码，绘制图形如图9-1所示。

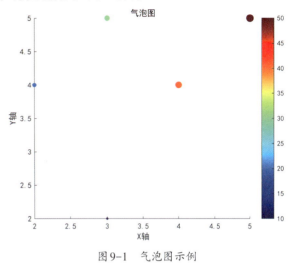

图9-1 气泡图示例

9.1.3 示例：绘制空气质量气泡图

本小节我们利用7.1.2小节介绍过的airquality数据集，通过绘制气泡图分析纽约市不同月份的风速、温度和臭氧浓度之间的关系。

示例实现代码如下。

```
% 读取数据集
% 读取数据集并保留原始列标题
data = readtable('data/airquality.csv', 'VariableNamingRule', 'preserve');    ①

% 创建气泡图
figure;
hold on;

% 绘制气泡图，x 表示风速，y 表示温度，大小表示臭氧浓度，颜色表示月份
scatter(data.Wind, data.Temp, data.Ozone * 2, data.Month, 'filled');    ②

% 设置图形标题和坐标轴标签
title('空气质量气泡图');
xlabel('风速 (Wind)');
ylabel('温度 (Temp)');

% 添加颜色条
cbar = colorbar;
cbar.Label.String = '月份';
```

```
% 调整气泡大小范围
set(gca, 'XLim', [min(data.Wind), max(data.Wind)]);                    ③
set(gca, 'YLim', [min(data.Temp), max(data.Temp)]);                    ④
```

这段代码创建了一个气泡图,用于可视化数据集中的风速、温度、臭氧浓度和月份之间的关系。主要代码解释如下。

代码第①行从 airquality.csv 文件中读取数据。使用 'VariableNamingRule', 'preserve' 选项保留了原始列标题,以便在表变量中使用原始列标题。

代码第②行 scatter 函数用于绘制气泡图,参数说明如下。

- data.Wind 表示 X 轴上的数据;
- data.Temp 表示 Y 轴上的数据;
- data.Ozone * 2 表示气泡的大小;
- data.Month 表示气泡的颜色;
- 'filled' 选项表示填充气泡。

代码第③行调整 X 轴范围,确保它适合数据的最小值和最大值。

代码第④行调整 Y 轴范围,确保它适合数据的最小值和最大值。

运行示例代码,绘制图形如图 9-2 所示。

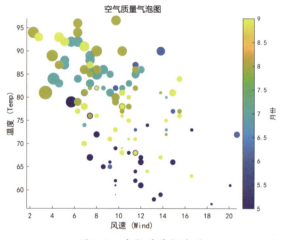

图 9-2　空气质量气泡图

9.2　堆积折线图

堆积折线图可以显示多个数据系列叠加在一起的折线图,常用于展现不同类目的数据趋势变化。以下是堆积折线图的一些常见应用场景。

(1)时间序列数据的趋势比较:堆积折线图常用于比较多个时间序列数据的趋势。例如,一个公司可能使用堆积折线图来比较不同产品线的销售趋势,以了解哪个产品线对总销售额的贡献最大。

(2)市场份额分析:堆积折线图可以用于比较不同公司或产品在市场上的份额变化。每个公司或产品的趋势线叠加在一起,显示它们在市场份额方面的相对贡献。

(3)资源分配和规划:在项目管理和资源规划中,堆积折线图可用于比较不同项目或任务的进度趋势,以及它们对总体资源利用的影响。

(4)社会经济数据比较:政府和研究机构可以使用堆积折线图来比较不同地区或群体的社会经济指标(如失业率、人口增长率等)的趋势,以便更好地了解这些变化。

(5)生态学研究:在生态学研究中,堆积折线图可以用于比较不同物种或生态系统中各个因素的趋势,以研究它们之间的相互作用。

（6）投资组合分析：在金融领域，堆积折线图可用于比较不同投资组合中各个资产的表现，并展示它们对总投资组合价值的贡献。

总之，堆积折线图是一种强大的数据可视化工具，适用于许多领域，可以帮助分析师、决策者和研究人员更好地理解多个系列的趋势及它们在整体中的相对影响，并做出有根据的决策和推断。

9.2.1 绘制堆积折线图

在 MATLAB 中，要绘制堆积折线图，可以使用 plot 函数来绘制每个数据系列的折线，并使用 hold on 命令来将它们堆积在一起。以下是绘制堆积折线图的一个示例。

```matlab
% 示例科研数据
microseconds = [100, 200, 300, 400, 500];                                    ①
method1_results = [10, 15, 13, 17, 20];
method2_results = [8, 12, 11, 14, 18];
method3_results = [6, 9, 10, 13, 16];

% 创建堆积折线图
figure;
hold on;                                                                      ②

% 绘制第一种方法的折线
plot(microseconds, method1_results, 'b-o', 'LineWidth', 2, 'MarkerSize', 8,
'MarkerFaceColor', 'b');                                                     ③

% 绘制第二种方法的折线
plot(microseconds, method2_results, 'r-s', 'LineWidth', 2, 'MarkerSize', 8,
'MarkerFaceColor', 'r');

% 绘制第三种方法的折线
plot(microseconds, method3_results, 'g-^', 'LineWidth', 2, 'MarkerSize', 8,
'MarkerFaceColor', 'g');

% 添加区域填充
fill([microseconds, fliplr(microseconds)], [method1_results, fliplr(method1_
results + method2_results)], 'c', 'EdgeColor', 'none', 'FaceAlpha', 0.5);    ④
fill([microseconds, fliplr(microseconds)], [method1_results + method2_
results, fliplr(method1_results + method2_results + method3_results)], 'y',
'EdgeColor', 'none', 'FaceAlpha', 0.5);

% 自定义图表
xlabel('Microseconds');
```

```
ylabel('Measurement Value');
title('Stacked Line Chart of Research Results');
legend('Method 1', 'Method 2', 'Method 3');
grid on;

hold off;
```

这段MATLAB代码用于创建一个堆积折线图，用于可视化科研数据的不同方法在微秒时间尺度上的测量结果。

上面主要代码的解释如下。

代码第①行定义了示例科研数据。microseconds列表包含微秒时间的数值，而 method1_results、method2_results 和 method3_results 列表包含对应不同方法的测量结果。

代码第②行hold on命令保持绘图状态，这意味着我们可以在同一个图形上绘制多个线条而不清除之前的内容。

代码第③行使用plot函数绘制折线，并使用多个选项来自定义绘图外观，具体说明如下。

（1）'b-o'是一个字符向量，用于指定折线的样式。它包括以下部分。

- 'b'：表示线条颜色为蓝色（'b' 代表蓝色）。
- '-'：表示折线的样式为实线。
- 'o'：表示在数据点上绘制圆点标记。

（2）'LineWidth', 2：这个选项用于指定折线的宽度为2个单位（线条粗细）。

（3）'MarkerSize', 8：这个选项用于指定标记的大小为8个单位。

（4）'MarkerFaceColor', 'b'：这个选项用于指定标记的填充颜色为蓝色（'b'代表蓝色）。

代码第④行使用fill函数来添加区域填充，以堆积两个折线图之间的区域，该函数参数说明如下。

- 'c'：这个选项指定填充区域的颜色，这里是青色（'c' 代表青色）。

- 'EdgeColor', 'none'：这个选项指定填充区域的边缘颜色，这里是 'none'，表示不显示边缘线。

- 'FaceAlpha', 0.5：这个选项指定填充区域的透明度，这里是0.5，表示填充区域的颜色半透明，以便在不遮挡下面的图形线条的情况下显示堆积的效果。

运行示例代码，绘制图形如图9-3所示。

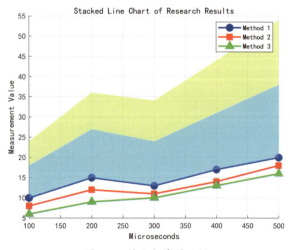

图9-3　堆积折线图示例

9.2.2 示例：绘制苹果公司股票OHLC堆积折线图

股票分析会采用OHLC[Open（开盘价）-High（最高价）-Low（最低价）-Close（收盘价）缩写]堆积折线图分析，本小节我们介绍绘制苹果公司股票OHLC堆积折线图的方法。数据来自AAPL.csv文件，文件内容如图9-4所示。

	A	B	C	D	E	F
1	Date	Close	Volume	Open	High	Low
2	2023/1/1	$186.68	53117000	$185.55	$187.56	$185.01
3	2023/1/2	$187.00	51245330	$183.74	$187.05	$183.67
4	2023/1/3	$183.96	49515700	$184.90	$185.41	$182.59
5	2023/1/4	$185.01	49799090	$184.41	$186.10	$184.41
6	2023/1/5	$184.92	101256200	$186.73	$186.99	$184.27
7	2023/1/6	$186.01	65433170	$183.96	$186.52	$183.78
8	2023/1/7	$183.95	57462880	$183.37	$184.39	$182.02
9	2023/1/8	$183.31	54929130	$182.80	$184.15	$182.44
10	2023/1/9	$183.79	54755000	$181.27	$183.89	$180.97
11	2023/1/10	$180.96	48899970	$181.50	$182.23	$180.63
12	2023/1/11	$180.57	50214880	$177.90	$180.84	$177.46
13	2023/1/12	$177.82	61944620	$178.44	$181.21	$177.32
14	2023/1/13	$179.21	64848370	$179.97	$180.12	$177.43
15	2023/1/14	$179.58	121946500	$182.63	$184.95	$178.04
16	2023/1/15	$180.95	61996910	$181.03	$181.78	$179.26
17	2023/1/16	$180.09	68901810	$177.70	$180.12	$176.93
18	2023/1/17	$177.25	99625290	$177.33	$179.35	$176.76
19	2023/1/18	$177.30	55964400	$176.96	$178.99	$176.57
20	2023/1/19	$175.43	54834980	$173.32	$175.77	$173.11
21	2023/1/20	$172.99	56058260	$172.41	$173.90	$171.69
22	2023/1/21	$186.68	53117000	$185.55	$187.56	$185.01
23	2023/1/22	$187.00	51245330	$183.74	$187.05	$183.67
24	2023/1/23	$183.96	49515700	$184.90	$185.41	$182.59
25	2023/1/24	$185.01	49799090	$184.41	$186.10	$184.41
26	2023/1/25	$184.92	101256200	$186.73	$186.99	$184.27
27	2023/1/26	$186.01	65433170	$183.96	$186.52	$183.78
28	2023/1/27	$183.95	57462880	$183.37	$184.39	$182.02

AAPL

图9-4 AAPL.csv文件内容（部分）

具体实现代码如下。

```
% 从 CSV 文件中读取数据
data = readtable('data/AAPL.csv');

% 清洗数据：去除 OHLC 中的 "$" 符号并转换为数值
data.Close = str2double(strrep(data.Close, '$', ''));          ①
data.Open = str2double(strrep(data.Open, '$', ''));
data.High = str2double(strrep(data.High, '$', ''));
data.Low = str2double(strrep(data.Low, '$', ''));              ②

% 将日期列转换为日期时间类型
data.Date = datetime(data.Date, 'InputFormat', 'yyyy-MM-dd'); ③

% 设置图形大小
figure;
set(gcf, 'Position', [100, 100, 1000, 600]);
```

```matlab
% 绘制OHLC堆积折线图
plot(data.Date, data.Close, 'b', 'LineWidth', 1, 'DisplayName', '收盘价');    ④
hold on;
plot(data.Date, data.Open, 'g', 'LineWidth', 1, 'DisplayName', '开盘价');
plot(data.Date, data.High, 'r', 'LineWidth', 1, 'DisplayName', '最高价');
plot(data.Date, data.Low, 'm', 'LineWidth', 1, 'DisplayName', '最低价');    ⑤

% 填充OHLC区域
fill([data.Date; flipud(data.Date)], [data.Open; flipud(data.Close)], 'c',
'EdgeColor', 'none', 'FaceAlpha', 0.5);    ⑥
fill([data.Date; flipud(data.Date)], [data.Low; flipud(data.High)], 'g',
'EdgeColor', 'none', 'FaceAlpha', 0.5    ⑦

% 添加标题和标签
title('苹果公司股票OHLC堆积折线图');
xlabel('日期');
ylabel('价格');

% 添加网格线
grid on;

% 旋转日期标签,以避免重叠
xtickangle(45);

% 显示图例
legend('Location', 'Best');

hold off;
```

主要代码解释如下。

上述代码第①~②行是数据清洗部分,其中使用strrep函数将每个OHLC(开盘价、最高价、最低价和收盘价)列中的$符号替换为空字符串(''),并使用str2double函数将这些列转换为数值类型。这样,数据中的$符号被去除,且数据转为数值,以便进行后续绘图。

代码第③行使用datetime函数可以将日期列的格式从'yyyy-MM-dd'转换为日期时间格式,以便更好地处理日期数据。

代码第④~⑤行使用plot函数绘制不同类型的OHLC(收盘价、开盘价、最高价和最低价)。

代码第⑥~⑦行用于添加填充区域,以堆积OHLC数据。fill函数用于创建填充区域,以表示开盘价到收盘价和最低价到最高价之间的区域。

运行上述代码显示图形,如图9-5所示。

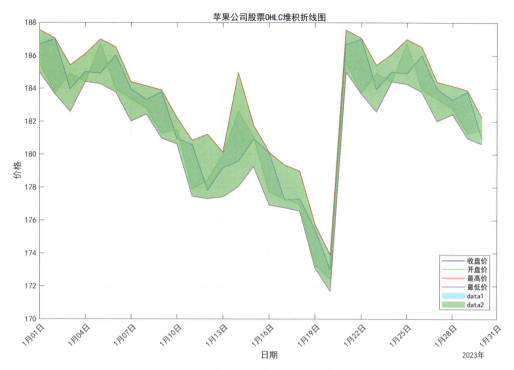

图 9-5 苹果公司股票OHLC堆积折线图

9.3 堆积面积图

堆积面积图是一种数据可视化图形，通常用于展示多个类别或组的数据在一个时间段或连续轴上的积累趋势。每个类别的数据以不同颜色的堆积区域表示，以观察整体趋势及每个类别的贡献。

以下是堆积面积图的一些应用示例。

（1）财务数据分析：堆积面积图可以用来展示公司的财务数据，如收入、成本、利润等在不同时间段的堆积变化。每个类别代表一个财务指标，而时间轴表示不同的财年或季度。

（2）市场份额分析：堆积面积图可用于展示不同竞争对手在市场上的份额随时间的变化。每个竞争对手的市场份额以不同颜色的堆积面积表示，以便比较各自的影响力。

（3）生态学研究：在生态学研究中，堆积面积图可以用来展示不同物种在生态系统中的相对丰富度随时间的变化。每个物种的丰富度以不同颜色的堆积面积表示。

（4）人口统计学研究：堆积面积图可以用于展示不同年龄组或人口组在一段时间内的人口分布变化。每个年龄组或人口组以不同颜色的堆积面积表示。

（5）气象数据分析：在气象学中，堆积面积图可用于展示不同气象因素（如温度、湿度、降水等）在一年中的季节性变化。每个气象因素以不同颜色的堆积面积表示。

（6）电力消耗分析：堆积面积图可用于展示不同能源来源（如煤炭、天然气、风能、太阳能等）

在一个地区的电力消耗情况。每种能源来源以不同颜色的堆积面积表示。

堆积面积图是一种强大的工具，可帮助我们理解数据的分布、趋势和相对贡献。通过比较不同类别的堆积面积，我们可以快速识别主要的趋势和变化，从而做出更好的决策。

9.3.1 绘制堆积面积图

绘制堆积面积图是一种用于可视化多个数据序列之间的关系的有效方式。在MATLAB中，我们可以使用area函数来创建堆积面积图。以下是绘制堆积面积图的一个示例。

```
% 示例数据
x = 1:10;                                          % X轴数据                    ①
y1 = [3, 5, 7, 8, 4, 9, 6, 2, 5, 7];              % 第一个数据序列              ②
y2 = [2, 4, 6, 7, 3, 8, 5, 3, 4, 6];              % 第二个数据序列
y3 = [1, 3, 5, 6, 2, 7, 4, 2, 3, 5];              % 第三个数据序列              ③

% 创建堆积面积图
figure;

% 计算每个序列的堆积数据
stacked_y = [y1; y1 + y2; y1 + y2 + y3];          % 堆积Y轴数据                ④

area(x, stacked_y', 'EdgeColor', 'none');                                     ⑤
title('堆积面积图示例');
xlabel('X轴标签');
ylabel('Y轴标签');

% 添加图例
legend('序列1', '序列2', '序列3');

% 自定义颜色
colormap(gca, 'cool');                                                        ⑥
```

上述主要代码解释如下。

代码第①行创建了X轴的数据，它包含从1到10的10个连续整数。

代码第②~③行定义了三个数据序列，每个序列包含与X轴数据对应的10个数据点。这些数据代表不同的序列或类别的值。

代码第④行计算了每个序列的堆积数据。stacked_y是一个包含三个行向量的矩阵，每个行向量代表一个数据序列的堆积值。这是通过对每个数据序列进行逐元素相加来完成的。

代码第⑤行使用area函数绘制堆积面积图。x是X轴数据，stacked_y'是堆积的Y轴数据，'EdgeColor', 'none'用于指定面积图的边缘颜色为无色，以使图形看起来更美观。

代码第⑥行用于自定义颜色图。它将颜色映射设置为'cool'，以改变面积图中堆积区域的颜色。在这里，'cool'是一种内置的颜色映射，用于创建不同的颜色方案。

> **注意** ⚠ 表达式stacked_y'是对stacked_y的转置，图9-6所示的是矩阵stacked_y内容，而图9-7所示的是stacked_y'内容。

图9-6　矩阵stacked_y内容　　　　　图9-7　stacked_y'内容

运行上述代码显示图形，如图9-8所示。

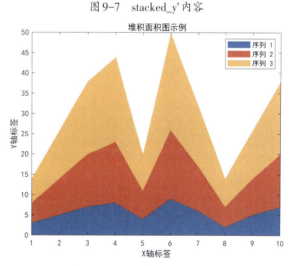

9.3.2 示例：绘制苹果公司股票OHLC堆积面积图

9.2.2小节绘制的苹果公司股票OHLC堆积折线图，还可以换成OHLC堆积面积图来实现，具体代码如下。

图9-8　OHLC堆积面积图示例

```
% 从CSV文件中读取数据
data = readtable('data/AAPL.csv');

% 清洗数据：去除OHLC中的"$"符号并转换为数值
data.Close = str2double(strrep(data.Close, '$', ''));
data.Open = str2double(strrep(data.Open, '$', ''));
data.High = str2double(strrep(data.High, '$', ''));
data.Low = str2double(strrep(data.Low, '$', ''));
```

```matlab
% 将日期列转换为日期时间类型
data.Date = datetime(data.Date, 'InputFormat', 'yyyy-MM-dd');

% 设置图形大小
figure;
set(gcf, 'Position', [100, 100, 1000, 600]);

% 创建堆积面积图
stacked_data = [data.Open, data.High, data.Low];
area(data.Date, stacked_data, 'EdgeColor', 'none');

% 添加标题和标签
title('苹果公司股票OHLC堆积面积图');
xlabel('日期');
ylabel('价格');

% 添加网格线
grid on;

% 旋转日期标签,以避免重叠
xtickangle(45);

% 显示图例
legend('开盘价', '最高价', '最低价', 'Location', 'Best');
```

运行上述代码显示图形,如图9-9所示。

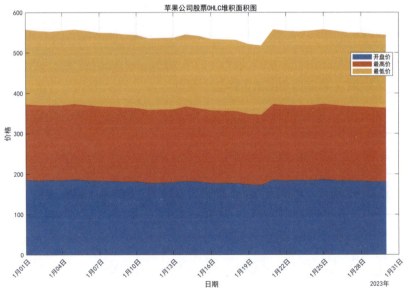

图9-9 苹果公司股票OHLC堆积面积图

9.4 堆积柱状图

堆积柱状图是一种用于可视化分类数据的图形类型，特别适用于展示多个类别在一个或多个组中的相对比例和总计。它将多个柱状图堆积在一起，以形成一个整体柱状图，其中每个柱子代表一个组，而堆积在柱子内部的不同颜色的部分代表不同的类别。

堆积柱状图在数据可视化中有各种应用，以下是堆积柱状图的一些常见应用。

（1）市场份额分析：堆积柱状图常用于展示不同品牌或公司的市场份额。每个柱子代表一个市场或行业，柱子内的不同颜色部分表示不同品牌或公司的市场份额，帮助观察者理解各个品牌的相对地位。

（2）资源分配：在项目管理中，堆积柱状图可用于展示不同资源或任务在项目中的分配情况。每个柱子代表一个项目阶段或时间段，柱子内的不同颜色部分表示不同资源或任务的占用情况，有助于优化资源分配。

（3）研究数据分析：在科学研究中，堆积柱状图可以用来展示实验数据的不同类别的分布情况。每个柱子代表一个实验条件或样本组，柱子内的不同颜色部分表示不同类别的测量值。

（4）金融分析：在金融领域，堆积柱状图可以用来展示不同资产类别的投资组合。每个柱子代表一个投资组合，柱子内的不同颜色部分表示不同资产类别的占比。

总之，堆积柱状图是一种强大的工具，可用于多个领域的数据分析和可视化，以帮助观察者更好地理解数据的组成和比例关系。

9.4.1 绘制堆积柱状图

在MATLAB中，可以使用bar函数来创建堆积柱状图。以下是绘制堆积柱状图的一般步骤。

（1）准备数据：首先，需要准备包含不同类别和子类别数据的矩阵或表格。

（2）使用bar函数：使用bar函数绘制堆积柱状图。我们需要提供数据矩阵、柱子的宽度、颜色等参数。

（3）添加标签和标题：为了提高图表的可读性，需要添加坐标轴标签、柱子标签和图表标题。

以下是一个MATLAB示例，演示如何绘制堆积柱状图。

```
% 城市和对应的气体成分比例数据
cities = {'北京', '上海', '广州'};                                    ①
oxygen = [21, 25, 19];      % 氧气比例(%)
nitrogen = [70, 65, 60];    % 氮气比例(%)
other_gases = [9, 10, 21];  % 其他气体比例(%)                         ②
```

```matlab
% 创建图表
figure;

bar([oxygen; nitrogen; other_gases]');                                    ③
% bar([oxygen; nitrogen; other_gases]', 'stacked');                       ④

% 设置颜色
colormap([0.678, 0.847, 0.902; 0.565, 0.933, 0.565; 1.000, 0.647, 0.000]); ⑤

% 添加标签和标题
xlabel(' 城市 ');
ylabel(' 气体比例（%）');
title(' 不同城市空气主要成分比较 ');
% 添加图例
legend(' 氧气 ', ' 氮气 ', ' 其他气体 ', 'Location', 'northeastoutside');   ⑥

% 设置 X 轴刻度标签
xticks(1:3);
xticklabels(cities);

% 显示图表
```

主要代码解释如下。

代码第①~②行定义了城市和它们对应的气体成分比例数据。cities 包含三个城市的名称，oxygen、nitrogen 和 other_gases 分别包含这些城市中氧气、氮气和其他气体的比例数据。

代码第③~④行都使用 bar 函数绘制堆积柱状图，这两条语句的区别在于是否使用 'stacked' 参数。具体来说，'stacked' 参数告诉 MATLAB 将不同的数据系列堆叠在同一个柱子上（见图 9-10），而不是默认的并排排列（见图 9-11）。这意味着每个柱子由多个部分组成，每个部分代表不同的数据系列。通常，堆积柱状图用于比较不同数据系列的总和，以及它们在总和中的相对贡献。

代码第⑤行使用 colormap 函数设置颜色。我们为不同的气体成分指定了颜色，使堆积柱状图中的每个部分都具有不同的颜色。

代码第⑥行使用 legend 函数添加图例，以标识每个柱子的不同部分。在图例中，列出了氧气、氮气和其他气体，并指定图例的位置为 'northeastoutside'，即图表的右上角外部。

运行上述代码显示图形，如图 9-10 所示。

第 9 章 多变量图形绘制

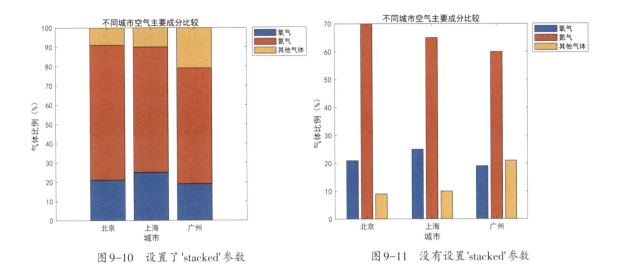

图 9-10　设置了 'stacked' 参数　　　　图 9-11　没有设置 'stacked' 参数

9.4.2 示例：绘制全国总人口 20 年数据堆积柱状图

在 5.2 节我们介绍过读取"全国总人口 20 年数据.xls"文件，本小节我们介绍读取该文件以绘制不同年份人口数据的堆积柱状图，实现代码如下。

```
% 从 Excel 文件中读取数据
[num, txt, raw] = xlsread('data/全国总人口20年数据.xls', 'A3:F23');        ①

% 提取年份和人口数据列
years = txt(2:end, 1);    % 从第 2 行开始提取                               ②
totalPopulation = num(1:end, 1);                                           ③
malePopulation = num(1:end, 2);
femalePopulation = num(1:end, 3);
urbanPopulation = num(1:end, 4);
ruralPopulation = num(1:end, 5);                                           ④

% 提取年份中的数字部分
numericYears = cellfun(@(x) str2double(x(1:4)), years);                    ⑤

% 创建柱状图
figure
bar(numericYears, [totalPopulation, malePopulation, femalePopulation,
urbanPopulation, ruralPopulation], 'stack')                                ⑥

% 添加标题和轴标签
title('中国最近20年人口数据')
xlabel('年份')
ylabel('人口数量（万人）')
% 自定义图例
```

```
legend('总人口','男性人口','女性人口','城市人口','农村人口')

% 调整图表的外观
set(gcf, 'Position', [100, 100, 1000, 600])
```

主要代码解释如下。

代码第①行使用xlsread函数用于从"全国总人口20年数据.xls"的工作表 'A3:F23' 中读取数据，其返回值〔num, txt, raw〕是从 xlsread 函数的输出中提取的三个变量，它们包含从 Excel 文件中读取的数据和文本，具体说明如下。

● num：这个变量包含从Excel文件中读取的数值数据。通常，这些数据是数值型的，如整数或浮点数。在示例中，num存储了总人口、男性人口、女性人口、城市人口和农村人口的数值数据。

● txt：这个变量包含从Excel文件中读取的文本数据。通常，这些数据是字符串或文本型的，如年份和省份名称。在示例中，txt 存储了年份的文本数据。

● raw：这个变量包含从 Excel 文件中完整读取的原始数据，包括数值和文本。它通常以单元格数组的形式表示，保留了数据的原始格式。

代码第②行从文本数据 txt 中提取年份数据。

代码第③~④行从数值数据num中提取总人口、男性人口、女性人口、城市人口和农村人口的数值数据。

代码第⑤行中，cellfun 函数用于从 years 变量中提取年份的数字部分。由于年份数据是字符串，这一行代码使用匿名函数@(x) 来处理每个年份字符串。str2double(x(1:4)) 用于提取每个字符串的前四个字符，并将其转换为数字，从而获得年份的数字部分。

代码第⑥行使用bar函数创建柱状图。X轴使用numericYears 变量，表示年份的数字部分。Y轴使用一个矩阵，包含不同类型的人口数据（总人口、男性人口、女性人口、城市人口、乡村人口）。'stack' 参数表示要绘制堆积柱状图，将不同类型的人口数据堆叠在一起。

运行上述代码显示图形，如图9-12所示。

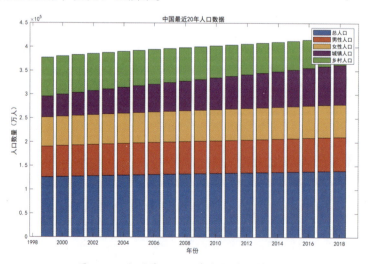

图9-12　全国总人口20年数据堆积柱状图

9.5 平行坐标图

平行坐标图是一种用于可视化多维数据的图形类型。它在数据可视化中广泛使用,特别适用于探索多个特征或属性之间的关系。在平行坐标图中,每个数据点表示为一条线段,该线段与坐标轴平行,每个坐标轴代表数据的一个特征或属性。通过在不同的坐标轴上绘制线段,可以观察到不同特征之间的关系和模式。

以下是一些平行坐标图的应用示例。

(1)数据探索和发现模式:平行坐标图可用于探索多维数据集中的模式、趋势和异常值。通过观察线段在不同坐标轴上的分布和交叉,可以帮助数据分析人员识别数据中的关系和规律。

(2)特征分析:在机器学习和数据科学中,平行坐标图可以用来分析不同特征之间的相关性和影响。这有助于我们选择最重要的特征以用于建模和预测。

(3)分类和聚类:平行坐标图可以帮助可视化不同类别或簇之间的差异。这对于分类和聚类任务的结果解释和验证非常有用。

(4)时间序列分析:如果每个坐标轴代表时间的不同点,那么平行坐标图可以用于可视化时间序列数据中的趋势和变化。

(5)地理信息系统(GIS):在GIS中,平行坐标图可以用于可视化和分析具有多个地理属性的地理数据,例如城市规划、地理特征的空间分布等。

(6)生物信息学:在生物学和遗传学中,平行坐标图可用于分析基因组数据,比较不同基因的表达水平,或者可视化不同样本之间的差异。

(7)金融分析:在金融领域,平行坐标图可以用于分析不同金融指标之间的关系,或者用于股票和投资组合的分析。

总之,平行坐标图是一种多功能的可视化工具,可用于各种领域的数据分析和探索,特别是当涉及多维数据时。

9.5.1 绘制平行坐标图

在MATLAB中绘制平行坐标图可以使用parallelcoords函数。平行坐标图通常用于可视化多维数据,特别适用于观察各个维度之间的关系。以下是一个简单的示例,展示如何使用MATLAB创建一个平行坐标图。

```
% 示例数据,每一行代表一个数据点,每一列代表一个属性
data = [                                          ①
    0.3, 0.4, 0.2, 0.7, 0.5;
    0.5, 0.6, 0.4, 0.8, 0.7;
    0.2, 0.3, 0.1, 0.6, 0.4;
    0.4, 0.5, 0.3, 0.7, 0.6;
];
```

```matlab
% 创建一个新图形窗口
figure;

% 获取数据点的数量
numDataPoints = size(data, 1);                              ②
% 创建颜色矩阵,每行对应一个数据点的颜色
colors = jet(numDataPoints); % 使用 Jet 调色板

% 绘制平行坐标图
for i = 1:numDataPoints                                     ③
    parallelcoords(data(i, :), 'Color', colors(i, :));
    hold on; % 保持图形打开以添加更多的数据点
end

% 添加标题
title(' 平行坐标图 ');

% 自定义坐标轴的范围
axis([1, 5, 0, 1]);

% 显示图例
legend('Location', 'northeast');

% 添加 X 轴标签
xlabel(' 属性 ');

% 添加 Y 轴标签
ylabel(' 属性值 ');

% 调整图表的外观
set(gcf, 'Position', [100, 100, 800, 400]);
```

主要代码解释如下。

代码第①行提供了一个包含四个数据点和五个属性的数据矩阵。每行代表一个数据点,每列代表一个属性。属性的值在 0 到 1 之间。

代码第②行使用 size(data, 1) 获取数据矩阵的行数,即数据点的数量,然后将其存储在 numDataPoints 中。

代码第③行使用 for 循环遍历每个数据点(for i = 1:numDataPoints),并在循环体中进行如下处理。

(1) 使用 parallelcoords 函数绘制每个数据点的平行坐标线。通过在 parallelcoords 函数中使用 'Color' 参数,我们可以为每个数据点指定不同的颜色。

（2）hold on命令用于保持图形窗口打开，以便能够逐个添加数据点的平行坐标线。

运行上述代码显示图形，如图9-13所示。

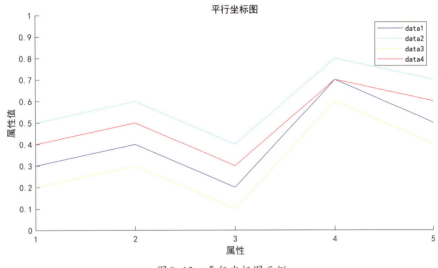

图9-13 平行坐标图示例

提示 ⚠ 如何分析平行坐标图？当绘制好平行坐标图后，可以采用以下步骤来分析和理解图表。

（1）观察趋势：首先，查看每条线（数据点）在不同维度上的走势。观察线条是如何在各个维度之间移动的，这有助于识别维度之间的关系和趋势。

（2）比较不同类别：如果我们在图上使用了颜色映射或图例来表示不同的类别或分组，比较不同颜色之间的线条，看看它们是否在不同维度上有明显的差异。

（3）查找模式：尝试识别任何可见的模式或形状。这些模式可能表明数据在某些维度上具有特定的行为或关系。

（4）关注交叉点：注意数据线在平行坐标图中的交叉点。当线条相交时，表示数据在该维度上具有相似性。寻找这些交叉点有助于理解哪些维度之间存在关联。

（5）查找异常值：观察是否有任何在某些维度上明显偏离的数据点，这些可能是异常值。异常值可能对整体数据分析产生重要影响。

（6）多维度比较：利用平行坐标图的多维度特性，同时观察多个维度之间的关系。这有助于理解多个因素如何一起影响数据。

9.5.2 示例：绘制空气质量数据平行坐标图

在这个示例中，我们将演示如何使用MATLAB绘制空气质量数据的平行坐标图。平行坐标图是一种多变量数据可视化方法，它允许同时显示多个特征的变化趋势，以便更好地理解数据的分布和关系。

具体示例代码如下。

```matlab
% 创建一个新的图形，并设置大小
figure('Position', [100, 100, 800, 600]);
X = [data.Ozone data.('Solar.R') data.Wind data.Temp data.Day];      ①

% 创建一个新列，标识高温和低温条件
X(:, end + 1) = data.Temp > 80;                                       ②

% 绘制平行坐标图，并设置线条颜色
h = parallelcoords(X, 'Group', X(:, end));                            ③

% 设置坐标轴标签
set(gca, 'XTickLabel', {'Ozone', 'Solar.R', 'Wind', 'Temp', 'Day'})   ④

% 设置坐标轴范围
set(gca, 'XLim', [0 5])                                               ⑤

% 添加颜色映射
colormap jet; % 使用 Jet 颜色映射，你可以根据需要选择其他颜色映射

% 启用网格
grid on;

% 添加图例
legend('低温', '高温');

% 设置中文标题
title(' 空气质量数据 - 平行坐标图 ');
% 添加颜色栏
colorbar;
```

主要代码解释如下。

代码第①行将数据集中的多个特征（Ozone、Solar.R、Wind、Temp、Day）存储在一个矩阵 X 中，用于绘制平行坐标图。这些特征将在图中作为不同的坐标轴显示。

代码第②行创建一个新列，其中的值表示每行数据的高温和低温条件。如果温度大于 80°F，则新列中的值为 1，否则为 0。

代码第③行使用 parallelcoords 函数来绘制平行坐标图。'Group' 参数用于将数据分为不同的组，这里我们使用上面创建的新列作为组，以便在图中区分高温和低温条件。

代码第④行设置坐标轴的标签，以便标识每个坐标轴对应的特征。这里将坐标轴标签设置为 'Ozone'、'Solar.R'、'Wind'、'Temp' 和 'Day'。

代码第⑤行设置坐标轴范围，将 X 轴的范围限制在 0 到 5 之间。这有助于更好地呈现数据的范围。

运行上述代码显示图形，如图 9-14 所示。

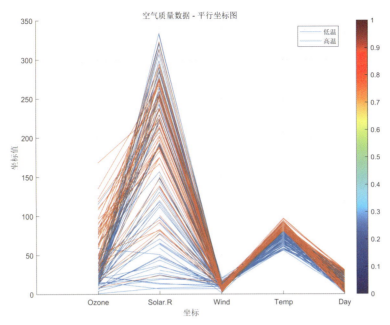

图 9-14 空气质量数据-平行坐标图

9.6 散点图矩阵

散点图矩阵（Scatterplot Matrix）是一种数据可视化工具，用于同时展示多个变量之间的关系。它通常用于多维数据集的探索性数据分析，有助于了解变量之间的相关性、分布和趋势。

散点图矩阵通过在一个矩阵中绘制多个散点图来实现这一目标。在矩阵中的每个小格子里，显示两个不同变量之间的散点图。这种可视化方法允许以一次性的方式比较多个变量之间的关系，有助于发现潜在的模式、相关性和异常值。

通常，散点图矩阵用于以下目的。

（1）探索数据集：帮助研究者快速了解数据集中多个变量之间的关系，有助于初步分析。

（2）发现相关性：通过观察散点图，可以确定是否存在线性或非线性相关性，或者是否存在群集或聚类。

（3）检测异常值：异常值通常在散点图中很容易被发现，因为它们可能是离群点。

（4）了解分布：可以观察散点图来了解每个变量的分布情况，包括是否服从正态分布。

（5）数据预处理：在建模之前，散点图矩阵可以帮助确定哪些变量之间存在共线性，或者哪些变量可能需要进行数据转换或归一化。

散点图矩阵通常在数据分析和探索阶段使用，以帮助研究者更好地理解数据集的特性。

9.6.1 绘制散点图矩阵

在MATLAB中，要绘制散点图矩阵，可以使用scatterplotmatrix函数。这个函数可以帮我们同时显示多个变量之间的散点图，从而进行多维数据的可视化和分析。

以下示例演示如何在MATLAB中创建散点图矩阵。

```matlab
% 生成示例数据
data = randn(100, 4);  % 生成一个100×4的随机数据矩阵

% 创建散点图矩阵
figure;

for i = 1:4
    for j = 1:4
        subplot(4, 4, (i-1)*4 + j);
        if i == j
            histogram(data(:, i));
        else
            scatter(data(:, i), data(:, j), '.');
        end
    end
end

% 添加标题和标签
sgtitle('Scatterplot Matrix');  % 添加整体标题
```

在上述示例中，我们首先生成一个100×4的随机数据矩阵，然后使用scatterplotmatrix函数创建散点图矩阵。读者可以根据需要自定义标题和标签。

另外，scatterplotmatrix函数还支持其他自定义选项，如指定数据点的颜色、样式、标记等，以便更好地表示不同变量之间的关系。读者可以查阅MATLAB文档以获取更多详细信息和选项。

运行示例代码，绘制图形如图9-15所示。

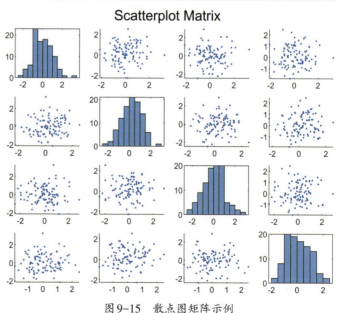

图9-15 散点图矩阵示例

9.6.2 示例：汽车性能数据散点图矩阵分析

在这个示例中，我们将使用mtcars.csv数据集，该数据集包含不同汽车的性能数据，如燃油效率、马力、气缸数量等。

通过这个示例，我们将学到如何创建和解释散点图矩阵，以便更深入地了解汽车性能数据。这种数据可视化方法可以在数据分析和决策制定中提供重要见解。具体实现代码如下。

```
% 导入数据
data = readtable('data/Glass.csv');  % 根据文件路径导入数据

% 提取感兴趣的较小的一组变量
variables_of_interest = {'RI', 'Na', 'Al', 'Si', 'Ba'};
subset_data = data(:, variables_of_interest);

% 创建散点图矩阵
figure('Position', [0, 0, 1000, 1000]);  % 调整图的大小
gplotmatrix(table2array(subset_data), [], data.Type, [], [], [], false);

% 添加标题
sgtitle('汽车性能数据散点图矩阵分析');
```

汽车性能数据散点图矩阵如图9-16所示。

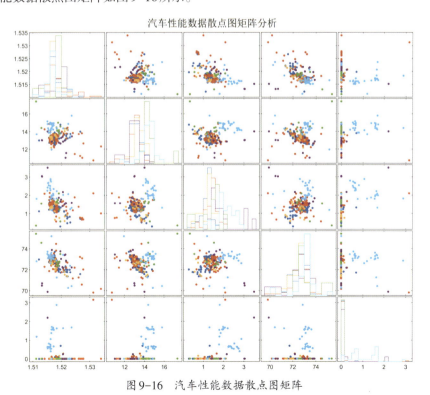

图9-16 汽车性能数据散点图矩阵

9.7 本章总结

本章介绍了多种用于多变量数据可视化的图形类型，包括气泡图、堆积折线图、堆积面积图、堆积柱状图、平行坐标图和散点图矩阵。这些类型的可视化图形有助于展示多变量数据之间的关系，包括趋势、关联性和比较。

第10章 极坐标相关图形绘制

本章我们介绍关于绘制极坐标相关图形的内容，涵盖使用MATLAB绘制与极坐标相关的各种图形类型的方法。这些图形类型可以用来可视化很多不同的数据和现象，尤其是那些具有循环性或周期性特征的数据。

本章介绍了多种与极坐标相关的图形类型：极坐标图、雷达图、玫瑰图、极坐标柱状图、极坐标散点图、极坐标轨迹图。

这些图形类型提供丰富的分析工具，帮助读者直观地探索、展示和追踪多维数据的特征。

10.1 极坐标图

极坐标图（Polar Plot）是一种在极坐标系下绘制数据的图形。与常规的直角坐标系不同，极坐标系以中心为原点，使用角度（θ）和半径（r）来表示数据点的位置。

极坐标图通常适合用于可视化和分析具有循环或周期性特征的数据。以下是一些适合使用极坐标图绘制的情况。

（1）振动分析：极坐标图可用于显示振动幅度和相位随时间或频率的变化。这对于分析机械振动、声音信号和电信号等方面非常有用。

（2）气象数据：极坐标图可用于可视化风向和风速的数据。这对于气象学家和气象学研究非常重要。

（3）生态学：极坐标图可用于显示季节性变化或生物学周期性数据，如动植物迁徙、季节性繁殖和行为等。

（4）电子工程：极坐标图可用于显示复杂电路的频率响应和相位响应，以便分析电路的性能。

（5）生物医学：用于分析心脏电生理学数据，如心电图(ECG)和心率变异性(HRV)数据。

（6）天文学：极坐标图可用于可视化恒星位置和行星轨迹等天文数据。

（7）地理信息系统(GIS)：用于显示地理坐标上的数据，如地图上的风向、磁场方向和地理分布数据。

（8）传感器数据：极坐标图对于传感器数据的可视化非常有用，如雷达数据或声纳数据。

总之，极坐标图适合显示数据的周期性或方向性特征，帮助研究人员更好地理解和分析这些数据。我们可以根据数据的性质和分析需求来决定是否使用极坐标图。

10.1.1 绘制极坐标图

在MATLAB中绘制极坐标图的函数是polarplot，允许我们绘制数据点或曲线在极坐标系中，而不是传统的直角坐标系。这种类型的图对于表示周期性数据或圆形数据分布非常有用。

下面是polarplot函数的基本语法。

```
polarplot(theta, rho)
```

其中参数说明如下。
- theta是一个包含角度信息的向量，表示数据点的角度位置，通常以弧度为单位。theta的取值范围通常是0到2π，表示一个完整的圆。
- rho是一个包含极坐标半径信息的向量，表示数据点距离极点的距离。rho的长度应与theta相同，以便将半径与角度对应。

polarplot函数还允许我们进行各种自定义设置，例如更改线条样式、颜色、添加标题、网格线、坐标轴标签等。以下代码用于绘制Archimedean（阿基米德）螺旋线。

```
% 定义常数
a = 0.1;   % a 是 Archimedean 螺旋线的起始半径                        ①
b = 0.02;  % b 是 Archimedean 螺旋线的线密度                         ②

% 构造极角范围
theta = linspace(0, 10 * pi, 1000);   % 0 到 10π，可根据需要调整范围   ③
% 计算极坐标半径
r = a + b * theta;                                                  ④

% 创建极坐标图
polarplot(theta, r, 'r-');   % 使用红色线条，你可以根据需要更改颜色    ⑤

% 添加标题
title('Archimedean 螺旋线');
```

运行上述代码绘制Archimedean螺旋线的极坐标图，主要代码解释如下。

代码第①行定义了一个常数a，它代表Archimedean螺旋线的起始半径。在这个示例中，起始半径被设置为0.1。

代码第②行定义了另一个常数b，它代表Archimedean螺旋线的线密度。线密度决定了螺旋线的紧密程度。在这个示例中，线密度被设置为0.02。

代码第③行创建一个包含1000个均匀分布的极角值的向量 theta，范围从0到10π。极角值将用于计算极坐标的半径。我们可以根据需要调整极角范围和分辨率。

代码第④行计算了 Archimedean 螺旋线的极坐标半径 r，根据给定的起始半径 a 和线密度 b，以及极角 theta。这个方程描述了 Archimedean 螺旋线的形状。

代码第⑤行使用 polarplot 函数创建了极坐标图，其中 theta 是极角，r 是极坐标半径，'r-' 表示使用红色线条绘制图形。我们可以根据需要更改线条颜色和样式。

运行上述代码，生成如图 10-1 所示的极坐标图。

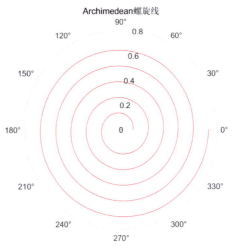

图 10-1　极坐标图示例

10.1.2　示例：绘制西雅图塔科马国际机场风向和风速分布极坐标图

本小节我们通过一个示例介绍一下极坐标图在实际科研工作中的应用。该示例是绘制 2014 年西雅图塔科马国际机场的风向和风速分布极坐标图，通过该极坐标图我们将能够看到不同风向下的风速分布，观察可能存在的季节性风向变化，以及特定风向下的气象事件。

该数据集来自 Seattle2014.csv 文件，文件内容如图 10-2 所示。

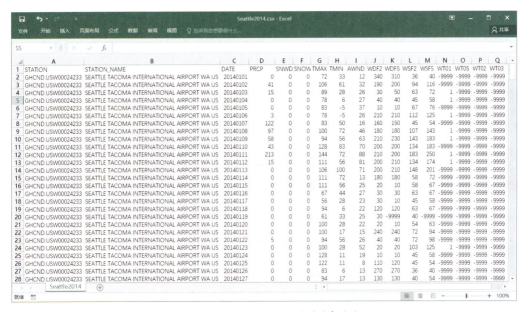

图 10-2　Seattle2014.csv 文件（部分）

Seattle2014.csv 数据集是关于 2014 年西雅图塔科马国际机场的气象观测数据，以下是对数据集中每列的解释。

- STATION：气象站标识符（站点代码）。
- STATION_NAME：气象站名称，这里是西雅图塔科马国际机场。

- DATE：日期，使用YYYYMMDD的格式表示。
- PRCP：降水量（Precipitation），以英寸为单位。
- SNWD：积雪深度（Snow Depth），以英寸为单位。
- SNOW：降雪量（Snowfall），以英寸为单位。
- TMAX：当天的最高气温（Maximum Temperature），以华氏度为单位。
- TMIN：当天的最低气温（Minimum Temperature），以华氏度为单位。
- AWND：平均风速（Average Wind Speed），以英里/小时为单位。
- WDF2：风向，2分钟平均（Wind Direction at 2-minute average），以度为单位。
- WDF5：风向，5分钟平均（Wind Direction at 5-minute average），以度为单位。
- WSF2：最大2分钟风速（Maximum Wind Speed at 2-minute average），以英里/小时为单位。
- WSF5：最大5分钟风速（Maximum Wind Speed at 5-minute average），以英里/小时为单位。
- WT01：天气类型代码，这里为-9999。
- WT05：天气类型代码，这里为-9999。
- WT02：天气类型代码，这里为-9999。
- WT03：天气类型代码，这里为-9999。

这些数据提供了关于气象条件的各种信息，包括降水、雪量、温度、风向和风速等。我们可以使用这些数据进行气象分析、可视化或其他与气象相关的研究。

绘制2014年西雅图塔科马国际机场风向和风速分布极坐标图的实现代码如下。

```
% 读取数据集
data = readtable('data/Seattle2014.csv'); % 请确保数据文件名正确并在MATLAB的当前工作目录中

% 提取风向和风速数据
windDirection = data.WDF2; % 使用WDF2列作为风向数据
windSpeed = data.WSF2; % 使用WSF2列作为风速数据

% 创建极坐标图
polarplot(deg2rad(windDirection), windSpeed, 'b.'); % 使用蓝色点来表示风速    ①
title('2014年西雅图塔科马国际机场风向和风速分布');

% 添加极坐标标签、网格和自定义设置
rticks(0:10:50); % 设置风速标签                                              ②
rticklabels({'0', '10', '20', '30', '40', '50'}); % 风速标签文本              ③
thetaticks(0:45:315); % 设置风向标签                                          ④
thetaticklabels({'N', 'NE', 'E', 'SE', 'S', 'SW', 'W', 'NW'}); % 风向标签文本  ⑤

% 显示极坐标图
grid on; % 显示极坐标网格
```

主要代码解释如下。

代码第①行使用polarplot函数创建极坐标图，将风向和风速数据作为输入，其中deg2rad函数用于将风向数据从度数转换为弧度，这是极坐标图所需的单位。图中的数据点用蓝色点表示。

代码第②行设置极坐标图的径向刻度标签，指定了风速的标签值，从0到50，以10为间隔。

代码第③行为径向刻度标签添加文本，以便观察者更好地理解风速的含义。

代码第④行设置极坐标图的角度刻度标签，其中指定了风向的标签值，从0度到315度，以45度为间隔。

代码第⑤行为角度刻度标签添加文本，表示风向。

运行上述代码，生成如图10-3所示的极坐标图。

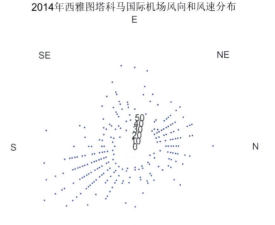

图10-3　2014年西雅图塔科马国际机场的风向和风速分布极坐标图

10.2 雷达图

雷达图，又称为蛛网图或星形图，是一种用于可视化多维数据的图形类型。它通常用于比较多个数据点或实体在多个属性或特征上的表现。雷达图的核心特点是将不同属性的数据值映射到一个多边形的顶点上，然后通过连接这些顶点来形成一个多边形，展示多个数据点之间的差异和相似性。

雷达图常用于可视化多维度的比较，特别是在评估多个变量或特征在不同情况下的表现时。它可以帮助观察者直观地识别哪些维度具有较高或较低的值，以及它们之间的相对关系。雷达图通常用于数据的归一化或标准化，以确保不同维度的值具有可比性。

10.2.1 绘制雷达图

MATLAB没有专门用于绘制雷达图的内置函数，但是可以使用polarplot函数来模拟雷达图。以下是使用polarplot函数创建雷达图的示例代码。

```
% 定义城市名称和维度标签
cities = {'城市A', '城市B', '城市C', '城市D', '城市E'};
dimensions = {'经济', '医疗保健', '教育', '安全', '环境'};

% 每个城市在不同维度上的评分数据
data = [
```

```
    [7, 8, 9, 6, 7];
    [8, 7, 7, 8, 6];
    [6, 7, 8, 7, 9];
    [9, 8, 7, 9, 7];
    [7, 6, 8, 7, 8]
];

% 创建雷达图
figure;

% 根据城市数量绘制雷达图
for i = 1:size(data, 1)                                                   ①
    polarplot(deg2rad(0:360/length(dimensions):360), [data(i, :) data(i, 1)], ...
'-o', 'MarkerSize', 8, 'DisplayName', cities{i});                         ②
    hold on;                                                              ③
end

rlim([0, 10]); % 设置雷达图的半径范围                                      ④
thetaticks(0:360/length(dimensions):360); % 设置轴的角度标签               ⑤
thetaticklabels(dimensions); % 设置维度标签                                ⑥

% 添加标题和图例
title('各城市不同维度评分雷达图', 'Interpreter', 'none'); % 关闭标题的解释器语法   ⑦
legend('Location', 'Best');

% 显示图表
grid on;
```

上述代码解释如下。

代码第①行进入循环，迭代每个城市的数据。

代码第②行使用 polarplot 函数绘制雷达图的一个数据点。它将城市在各个维度上的评分作为参数传递给 polarplot。'-o' 表示使用线和圆点的标记，'MarkerSize' 设置标记的大小，'DisplayName' 设置在图例中显示的城市名称。

代码第③行 hold on 使 MATLAB 保持图形处于激活状态，以便可以在同一图中绘制多个雷达图数据点。这样，不同城市的雷达图数据点会叠加在同一图上。

代码第④行用于设置雷达图的半径范围。在这里，设置雷达图的半径范围为 0 到 10。

代码第⑤行用于设置雷达图的角度标签。0:360/length(dimensions):360 生成了一系列角度标签，确保每个维度的标签均匀分布在雷达图上。

代码第⑥行用于设置维度标签。这将显示维度标签在雷达图的各个轴上。

代码第⑦行用于添加标题到雷达图。'Interpreter', 'none' 用于关闭标题的解释器语法，以确保特殊字符不会引发错误。

运行上述代码显示图形,如图 10-4 所示。

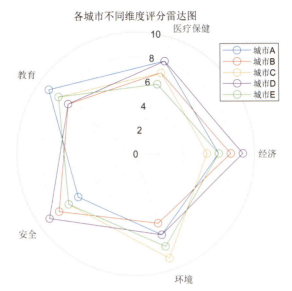

图 10-4　各城市不同维度评分雷达图示例

10.2.2 示例:绘制问卷调查结果雷达图

下面我们通过示例介绍一下如何绘制雷达图。现在我们有一个问卷调查结果如图 10-5 所示,数据保存在"问卷调查.xlsx"文件中。

本小节我们从"问卷调查.xlsx"文件读取数据,然后绘制雷达图,以便于我们研究分析用户的满意度。

具体实现代码如下。

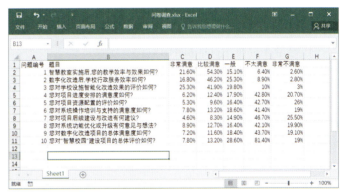

图 10-5　问卷调查结果

```
% 读取 Excel 文件中的指定范围数据
data = xlsread('data/问卷调查.xlsx', 'Sheet1', 'C2:G11');            ①
% 创建角度数组
numPoints = 5;    % 5 个数据点对应 5 个满意度级别
angles = linspace(0, 2 * pi, numPoints);                            ②

% 创建雷达图
figure;
```

```matlab
for i = 1:size(data, 1)
    polarplot(angles, data(i, :), '-o', 'DisplayName', sprintf('问题 %d', i));④
    hold on;
end

title('智慧校园问卷调查结果', 'Interpreter', 'none');  % 使用 'Interpreter',
'none' 避免解释特殊字符
legend('Location', 'Best');

% 自定义雷达图刻度
rticks(0:0.2:1);                                                             ⑤
rticklabels({'0%', '20%', '40%', '60%', '80%', '100%'});                     ⑥

% 自定义雷达图角度标签
angleLabels = {'非常满意', '比较满意', '一般', '不太满意', '非常不满意'};
rticklabels(angleLabels);
```
③ appears at the top of the for loop.

主要代码解释如下。

代码第①行从名为"问卷调查.xlsx"的Excel文件中读取数据,其中Sheet1 是要读取的工作表的名称,C2:G11是要读取的数据范围,表示从工作表中的C2单元格到G11单元格的范围,读取的数据将存储在变量data中,其中每一行代表一项调查问题的答案,每列代表不同满意度级别的百分比。

代码第②行创建一个等间距的角度数组,其中numPoints是上面定义的数据点数。

代码第③行是一个for循环,它将遍历数据中的每一行,每一行代表一个问题的答案。

代码第④行使用polarplot函数用于绘制雷达图,其中 angles 是角度数组,data(i, :) 是当前问题的答案数据,'DisplayName', sprintf('问题 %d', i) 用于在图例中标记每个雷达图,使其显示问题编号,'-o' 是绘制图线的样式,这里表示绘制线条和圆点。

代码第⑤行定义了雷达图的刻度线,从0到1,以0.2为间隔。

代码第⑥行定义了刻度线的标签,对应不同的满意度级别。

运行上述代码,生成如图10-6所示的雷达图。

从图10-6可见,"非常满意"和"比较满意"偏多,而"不太满意"和"一般"比较少。

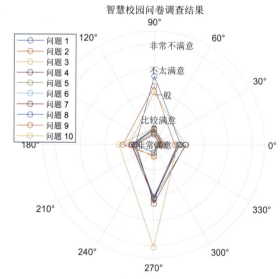

图10-6 问卷调查结果雷达图

10.3 玫瑰图

玫瑰图(Rose Plot)，也称为极坐标直方图，是一种用于可视化数据的方向分布的图形表示方法，通常在极坐标系中绘制。它特别适用于显示数据在不同方向上的分布情况，例如风向、地震发生方向、颗粒分布等。

玫瑰图通常由一组放射线或扇区组成，每个扇区表示数据在特定方向上的频率或密度。每个扇区的角度对应方向，扇区的半径或长度表示该方向上的数据频率或密度。

玫瑰图应用领域包括气象学(用于显示风向分布)、地震学(用于显示地震震源方向分布)、生物学(用于显示动物迁徙方向分布)等。玫瑰图提供了一种直观的方式来理解数据在不同方向上的分布特征。

10.3.1 绘制玫瑰图

要在MATLAB中绘制玫瑰图，可以使用rose函数，该函数将极坐标数据可视化为玫瑰图。以下用一个简单的示例来绘制玫瑰图。

```
% 创建一些示例数据
data = 360 * rand(100, 1);    % 生成100个随机角度数据（0到360度）

% 创建玫瑰图
h = rose(data, 18);    % 18表示将圆周分为18个扇区，你可以根据需要调整这个值    ①

% 自定义玫瑰图的颜色和线条
set(h, 'Color', [0.2 0.6 0.8], 'LineWidth', 2);    ②
% 添加标题
title('玫瑰图示例');
% 添加角度标签
xticks(0:30:330);    ③
% 添加半径标签
yticks(0:10:20);    ④
% 设置背景颜色
set(gcf, 'Color', [0.95 0.95 0.95]);    % 设置图的背景颜色为浅灰色    ⑤

% 设置字体大小
set(gca, 'FontSize', 12);
```

主要代码解释如下。

代码第①行码创建了一个玫瑰图，将数据data绘制为玫瑰图形。参数18表示将圆周分为18个扇区。h是一个句柄，用于引用创建的玫瑰图，以便后续自定义外观。

代码第②行使用set函数来自定义玫瑰图的颜色和线条宽度。'Color' 参数将线条颜色设置为蓝色（RGB值为[0.2 0.6 0.8]），'LineWidth' 参数设置线条宽度为2。

代码第③行在笛卡尔坐标系下设置X轴的角度标签，每30度一个标签。这将帮助用户更好地理解图中的角度信息。

代码第④行在Y轴上设置半径标签，每10个单位一个标签。这有助于用户理解图中的半径信息。

代码第⑤行用于设置整个图形的背景颜色为浅灰色。'Color' 参数中的RGB值[0.95 0.95 0.95]表示浅灰色。

运行上述代码，生成如图10-7所示的玫瑰图。

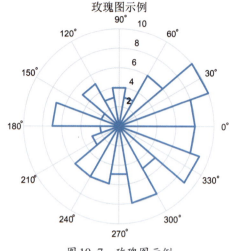

图 10-7 玫瑰图示例

10.3.2 示例：绘制太阳黑子面积玫瑰图

下面通过示例绘制太阳黑子面积的玫瑰图，该示例数据来自sunspotarea.csv数据集。该示例通过绘制太阳黑子面积的玫瑰图，可视化分析太阳黑子面积数据在不同方向上的分布。

具体实现代码如下。

```matlab
% 读取 CSV 文件
data = readtable('data/sunspotarea.csv');
date = data.date;
value = data.value;

% 将日期数据转换为角度数据
date = datetime(date, 'InputFormat', 'yyyy-MM-dd');
angles = linspace(0, 360, length(date));

% 创建玫瑰图
rose(deg2rad(angles));

% 添加标题
title(' 玫瑰图 - 太阳黑子面积 ');
% 添加半径标签
yticks(0:200:1000);
% 设置背景颜色
set(gcf, 'Color', [0.95 0.95 0.95]);

% 设置字体大小
set(gca, 'FontSize', 12);
```

运行上述代码，生成如图10-8所示的玫瑰图。

10.4 极坐标柱状图

极坐标柱状图（Polar Histogram）是一种用于可视化数据分布的图表类型，与传统的笛卡尔坐标系不同，它使用极坐标系来表示数据的分布情况。极坐标柱状图通常用于显示数据的方向性分布，特别适合处理周期性数据或数据的方向性特征。

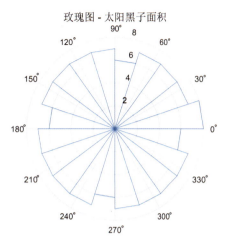

图 10-8　太阳黑子面积玫瑰图

以下是极坐标柱状图的主要特点和组成部分。

（1）极坐标系：极坐标柱状图使用极坐标系，其中数据点的位置由半径和角度来确定。半径表示数据的频率或密度，而角度表示数据的方向。

（2）柱子：极坐标柱状图中的数据表示为一系列扇形区域，通常用柱子或扇形来表示。每个柱子代表一组数据，并覆盖一定的角度范围。

（3）角度分布：极坐标柱状图显示了数据在不同角度上的分布情况。每个柱子的高度（或长度）表示数据在相应角度范围内的频率或计数。

（4）径向刻度标签：极坐标柱状图通常具有径向的刻度标签，用于表示数据的频率或计数。

（5）角度刻度标签：柱状图通常还包括角度刻度标签，用于表示每个柱子所代表的角度范围。

极坐标柱状图常用于分析和可视化具有方向性分布的数据，例如风向、地震震级、太阳黑子的方向分布等。它能够帮助人们更容易理解数据的周期性和方向性特征，以及不同角度上的数据密度或频率。

10.4.1 绘制极坐标柱状图

要在MATLAB中创建极坐标柱状图，可以使用polarhistogram函数，该函数可用于显示数据的分布情况。以下是一个简单的示例，演示如何创建极坐标柱状图。

```
% 创建一些示例数据
data = 360 * rand(100, 1);    % 生成 100 个随机角度数据（0 到 360 度）
% 创建极坐标柱状图
polarhistogram(deg2rad(data), 18, 'FaceColor', 'b', 'EdgeColor', 'k');  % 18
表示将圆周分为 18 个柱子
% 添加标题
title(' 极坐标柱状图示例 ');
```

上述代码使用polarhistogram函数来创建极坐标柱状图。函数的参数包括以下几个。

- deg2rad(data)：将角度数据转换为弧度，以适应极坐标系。

- 18：表示将圆周分为18个柱子，即将数据分为18个角度范围。
- 'FaceColor', 'b'：设置柱子的填充颜色为蓝色。
- 'EdgeColor', 'k'：设置柱子的边缘颜色为黑色。

运行上述代码，生成如图10-9所示的极坐标柱状图。

10.4.2 示例：绘制太阳黑子区域分布极坐标柱状图

这个示例是用MATLAB创建一个极坐标柱状图，用于展示太阳黑子区域数据的分布情况，这个图表将帮助我们观察太阳黑子区域数据在不同角度上的分布情况，以寻找可能的模式和趋势。

具体实现代码如下。

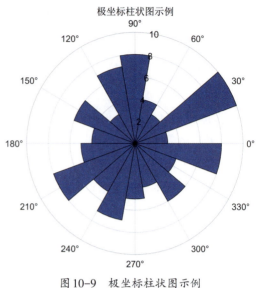

图10-9　极坐标柱状图示例

```
% 1. 导入数据
data = readtable('data/sunspotarea.csv');                              ①
% 2. 提取日期和值列
date = datenum(data.date);    % 将日期转换为 MATLAB 的日期序列          ②

% 3. 创建极坐标图
figure;
polarhistogram(date, 20);   % 使用polarhistogram函数绘制极坐标柱状图    ③

% 4. 添加标签和标题（可选）
title('太阳黑子区域分布');
legend('太阳黑子区域');

% 5. 显示图表
```

代码解释如下。

代码第①行用于从sunspotarea.csv文件中导入数据。数据文件包含太阳黑子区域的相关信息。readtable函数用于读取CSV文件，将其加载为数据表。

代码第②行datenum函数将日期从文本格式转换为MATLAB可以理解的日期序列格式。在这里，date变量包含日期序列，可以用于后续的数据可视化。

代码第③行使用polarhistogram函数绘制了极坐标柱状图。在这里，date变量用作输入，20是指定柱子数量的参数。极坐标柱状图展示了每个角度上的柱子数量，每个柱子的高度表示该角度上的数据点数量。

运行上述代码，生成如图10-10所示的太阳黑子区域分布极坐标柱状图。

10.5 极坐标散点图

极坐标散点图（Polar Scatter Plot）是一种用于可视化数据点在极坐标系统中的分布的图表类型。在极坐标散点图中，数据点的位置由两个变量确定：角度（极坐标的角度）和极径（距离原点的距离）。每个数据点都在极坐标坐标系中的特定位置，这有助于观察数据点的方向、集中程度和分布规律。

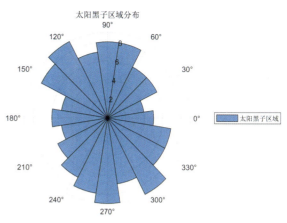

图10-10　太阳黑子区域分布极坐标柱状图

极坐标散点图通常用于以下情况。

（1）方向分布：当我们想了解数据点在不同方向上的分布时，例如，物体的运动方向或风向。

（2）集中程度：极坐标散点图可以帮助我们观察数据点是否集中在一个特定的方向或距离上，这对于分析数据点的分散程度很有帮助。

（3）周期性模式：当我们想检测数据中是否存在周期性模式时，例如，一年中某一特定时间的事件分布。

（4）雷达图：极坐标散点图通常与雷达图结合使用，以显示多个变量的数据分布。

10.5.1 绘制极坐标散点图

在MATLAB中，可以使用polarplot函数创建极坐标散点图。该函数允许我们指定每个数据点的极坐标角度和极径，并可以自定义点的样式和颜色。这使得极坐标散点图成为一种有效的工具，用于可视化和分析与方向和距离有关的数据分布。

以下是一个示例，说明如何使用polarplot函数创建极坐标散点图。

```matlab
% 创建一些示例数据
theta = linspace(0, 2*pi, 100);     % 角度范围，例如从 0 到 2*pi
rho = rand(1, 100);                 % 随机生成一些示例的极径数据

% 创建极坐标散点图
figure;
polarplot(theta, rho, 'ro');        % 使用红色圆圈表示散点

% 添加标题（可选）
title('极坐标散点图示例');
```

在这个示例中,我们创建了一个随机生成的数据集,其中theta表示角度,rho表示极径。然后,使用polarplot函数将这些数据点以红色圆圈的形式绘制在极坐标系统中。

运行上述代码,生成如图10-11所示的极坐标散点图。

10.5.2 示例:绘制太阳黑子区域分布极坐标散点图

下面是一个示例,演示如何使用MATLAB绘制太阳黑子区域分布的极坐标散点图。在这个示例中,我们使用了数据集sunspotarea.csv的太阳黑子区域数据,来绘制极坐标散点图。

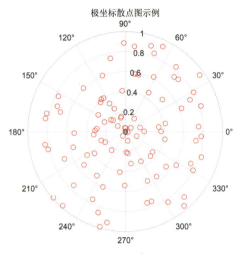

图10-11 极坐标散点图示例

具体示实现代码如下。

```matlab
% 1. 导入数据
data = readtable('data/sunspotarea.csv');
% 2. 提取日期和值列
date = datenum(data.date);    % 将日期转换为 MATLAB 的日期序列
value = data.value;    % 提取值列
% 3. 创建极坐标散点图
figure;
% 自定义散点样式
h = polarplot(date, value, 'o');                                                         ①
set(h, 'MarkerSize', 8, 'MarkerEdgeColor', 'blue', 'MarkerFaceColor', 'blue');           ②

% 自定义极坐标轴的外观
ax = gca;                                                                                ③
ax.ThetaAxisUnits = 'radians';    % 切换为弧度                                            ④
ax.ThetaZeroLocation = 'top';     % 设置极坐标的零点位置                                  ⑤
ax.RLim = [min(value) max(value) + 50];    % 设置极坐标半径范围                           ⑥

% 自定义背景颜色
ax.Color = [0.9 0.9 0.9];    % 设置背景颜色为浅灰色                                       ⑦

% 4. 添加标题(可选)
title('太阳黑子区域分布的极坐标散点图');
```

代码解释如下。

代码第①行创建了极坐标散点图,使用 'o' 样式来表示散点。polarplot函数返回一个散点对象h,

它将被用于自定义散点样式。

代码第②行用于自定义散点的样式，包括设置散点的大小、边缘颜色和实体颜色为蓝色。

自定义极坐标轴的外观：在这部分，对极坐标轴的外观进行自定义。

代码第③行获取当前坐标轴的句柄，存储在 ax 变量中，以便后续的自定义操作。

代码第④行将极坐标的角度单位切换为弧度。

代码第⑤行设置极坐标的零点位置在图的顶部。

代码第⑥行设置极坐标的半径范围，使用数据的最小值和最大值来决定。

代码第⑦行设置极坐标图的背景颜色为浅灰色。

这段代码创建了一个定制的太阳黑子区域分布的极坐标散点图，具有自定义的样式和外观，以更好地展示数据的分布情况。

运行上述代码，生成如图 10-12 所示的太阳黑子区域分布的极坐标散点图。

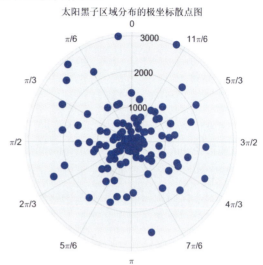

图 10-12　太阳黑子区域分布极坐标散点图

10.6 极坐标轨迹图

极坐标轨迹图是一种用于可视化数据的图表类型，特别适合展示数据点在极坐标系统中的路径或轨迹。在这种图表中，数据点的位置由两个参数确定：极径（从极点或中心到数据点的距离）和极角（从某个起始方向测量的角度）。这使得极坐标轨迹图非常适合显示周期性、径向或循环性的数据。

应用极坐标轨迹图的常见情况包括以下几种。

（1）天文学：表示行星、卫星或彗星的轨迹，以可视化它们的运动。

（2）地理学：显示气旋、风暴或其他气象和地理现象的路径。

（3）工程学：绘制机械部件的旋转、振动或运动轨迹，以进行性能分析。

（4）物理学：可视化粒子、电子轨迹或其他物理现象的路径。

10.6.1 绘制极坐标轨迹图

在 MATLAB 中创建极坐标轨迹图的常见方法是使用 polarplot 函数。极坐标轨迹图通常用于可视化一系列数据点在极坐标系统中的轨迹。以下是一个示例，说明如何使用 polarplot 函数创建极坐标轨迹图。

```
% 创建一些示例数据
```

```
theta = linspace(0, 2*pi, 100);   % 极角范围从 0 到 2*pi
rho = sin(3 * theta);   % 极径根据某个函数计算

% 创建极坐标轨迹图
figure;
polarplot(theta, rho, '-r');   % 用红色线条连接数据点

% 添加标题
title('示例极坐标轨迹图');
```

这段代码首先创建一些示例数据，包括极角 theta 和极径 rho。然后，使用 polarplot 函数绘制了极坐标轨迹图，将数据点连接起来以显示路径。在这个示例中，我们使用红色线条连接数据点，也可以根据需要自定义线条样式和颜色。最后，添加了一个可选的图表标题以描述图表内容。

运行上述代码，生成如图 10-13 所示的极坐标轨迹图。

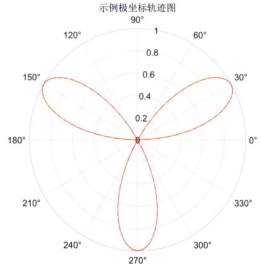

图 10-13　极坐标轨迹图示例

10.6.2 示例：绘制太阳黑子区域分布极坐标轨迹图

下面是一个示例，演示如何使用 MATLAB 绘制太阳黑子区域分布的极坐标轨迹图。在这个示例中，我们使用了数据集 sunspotarea.csv 的太阳黑子区域数据，来绘制极坐标轨迹图。

具体实现代码如下。

```
% 1. 导入太阳黑子区域数据
data = readtable('data/sunspotarea.csv');

% 2. 提取日期和值列
date = datenum(data.date);   % 将日期转换为 MATLAB 的日期序列
area = data.value;   % 提取值列

% 3. 创建极坐标轨迹图
figure;
polarplot(date, area, '-b');   % 用蓝色线条连接数据点

% 4. 添加标题
title('太阳黑子区域分布的极坐标轨迹图');
```

这段代码导入太阳黑子区域数据，提取日期和值列，然后使用 polarplot 函数绘制极坐标轨迹图。注意，要确保替换示例代码中的数据文件路径为自己实际的数据文件路径。这样，将能够创建更符合实际情况的太阳黑子区域分布的极坐标轨迹图。

运行上述代码，生成如图 10-14 所示的太阳黑子区域分布的极坐标轨迹图。

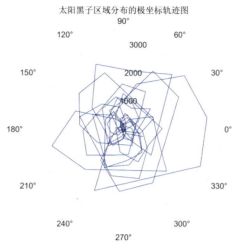

图 10-14　太阳黑子区域分布极坐标轨迹图

10.7 本章总结

本章介绍了多种与极坐标相关的图形类型，包括极坐标图、雷达图、玫瑰图、极坐标柱状图、极坐标散点图和极坐标轨迹图。这些图形绘制方法有助于呈现多维数据的特征、分布、比较和轨迹。

第11章 3D图形绘制

当谈到数据可视化时,3D图形是一种强大的工具,它可以帮助我们更好地理解和展示具有三个维度的数据。本章介绍如何绘制和定制各种类型的3D图形,以及如何利用这些图形来传达数据的复杂关系。

11.1 利用MATLAB绘制3D图形概述

MATLAB是一个强大的工程和科学计算软件,它提供了多种绘制3D图形的功能和方法。主要的3D图形绘制方法包括3D散点图、3D线图、3D曲面图、3D柱状图、3D条形图、3D饼图、3D气泡图。

3D图形绘制主要分为以下几个关键步骤。

(1)构建表示三维数据的矩阵。三维图形绘制需要事先构建表示x、y、z三个方向数据的矩阵。

(2)选择合适的三维绘图函数。MATLAB提供了surf、mesh、scatter3、quiver3等多种三维专用的绘图函数。

(3)设置坐标轴范围和三维视角。通过xlabel、ylabel、zlabel设置坐标轴标签,通过view、axis设置三维视角。

(4)添加光照效果。可以通过light定义光源,使用showHiddenSurfaces属性来控制是否显示隐藏面。

(5)设置颜色映射。选用合适的颜色映射colormap,突出表现三维图形的特点。

(6)添加标题及注释。使用title、text、legend等添加说明文字。

(7)保存输出结果(可选)。可以导出为图片文件或生成动画输出结果。

通过上述步骤,可以利用MATLAB绘制出高质量的三维可视化图形,并进行交互式操作,辅助数据分析。下面将通过实例详细介绍利用MATLAB绘制各类三维图形的方法。

11.2 3D散点图

3D散点图是一种用于可视化三维数据的图形表示方式,它与二维散点图类似,但在3D空间中显示数据点，通常使用x轴、y轴和z轴表示三个不同的变量或维度。每个数据点由三个值确定，分别对应x轴、y轴和z轴上的位置。这种图形可以帮助我们更好地理解数据的分布、趋势和关系，尤其适用于数据集中包含多个连续或数值型变量的情况。

3D散点图有许多实际应用场景，主要包括以下几种。

（1）数据挖掘和探索性数据分析，通过3D散点图我们可以直观地观察样本点的分布，发现数据之间的内在关系和聚类结构。可以高效地完成特征选择、异常点检测等工作。

（2）多元统计分析，3D散点图可以同时展示多个变量，通过点的位置反映各维度的数值。这有助于观察多个变量之间的相关性，进行多元统计分析。

（3）轨迹和流场可视化，可以使用3D散点图可视化对象的三维运动轨迹，或显示三维流场中的路径线。这类应用常见于运动学分析、气象学等领域。

11.2.1 绘制3D散点图

绘制3D散点图是一种有用的数据可视化方法，用于展示三维数据点的分布和关系。在MATLAB中，可以使用scatter3函数来创建3D散点图，scatter3函数的基本语法如下。

```
scatter3(x,y,z)
```

其中x、y、z为三维坐标的向量。示例如下。

```
[x,y,z] = sphere(20);    % 生成球面数据
scatter3(x,y,z)          % 绘制球面数据的三维散点图
```

另外可以设置点的大小和颜色，代码如下。

```
scatter3(x,y,z,s,c)
```

其中s为点的大小，c为点的颜色。

三维散点图默认没有坐标轴，可以通过xlabel、ylabel、zlabel、title添加坐标轴标签、标题等。grid on可以添加坐标网格。

通过view、axis等可以调整三维视角。light定义光源效果，colormap设置颜色映射。三维散点图可以直观显示空间点分布。

以下是一个示例，演示如何绘制3D散点图。

```
%% 生成三维随机数据
x = rand(50,1);                                    ①
y = rand(50,1);
z = rand(50,1);                                    ②

%% 绘制三维散点图
figure;
scatter3(x,y,z,36,z);   % 点大小根据z数据映射    ③
```

```
%% 添加坐标轴标签和标题
xlabel('x');                                    ④
ylabel('y');
zlabel('z');                                    ⑤
title(' 三维散点图 ');

%% 设置坐标轴范围
axis([0 1 0 1 0 1]);                            ⑥

%% 设置视角角度
view(-30,30);                                   ⑦

%% 添加光照
light('Style','local');                         ⑧

%% 着色与颜色条
colormap jet;                                   ⑨
colorbar;
```

主要代码解释如下。

代码第①~②行生成X轴、Y轴和Z轴的三维随机数据，其中使用了rand(50,1)函数。

代码第③行使用scatter3函数创建3D散点图。点的X坐标来自x，Y坐标来自y，Z坐标来自z。36表示点的大小，z用于指定点的颜色，这里表示点的颜色根据z值的大小映射。

代码第④~⑤行添加坐标轴标签和标题。

代码第⑥行设置了坐标轴的范围。它限制了X坐标、Y坐标和Z坐标的取值范围，确保它们在0到1之间。

代码第⑦行设置了视角的角度。具体来说，-30表示水平旋转角度，30表示垂直旋转角度。这个设置可以调整图形的观看角度。

代码第⑧行添加了光照效果，将图形呈现得更加逼真。'local'表示使用局部光照。而如果想要模拟室外的太阳光，可以选择 'infinite'。不同的光照效果会影响图形的外观，因此用户可以根据具体情况来选择适当的光照样式。

代码第⑨行设置了着色图谱，jet着色图谱定义了颜色与Z值之间的映射关系。

运行示例代码，会弹出如图11-1所示的MATLAB绘图窗口。

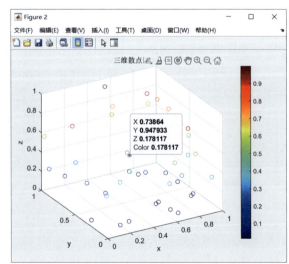

图11-1　MATLAB绘图窗口

MATLAB提供了丰富的交互式界面功能，以便用户可以更轻松地用数据进行交互、分析和可视化。以下是MATLAB中的一些交互式界面功能。

- 图形窗口工具栏：图形窗口的工具栏提供了各种工具，如缩放、平移、旋转、数据提示、数据选择、图形保存等，使用户可以与图形进行交互。
- 数据提示：在图形窗口中，当鼠标指针悬停在数据点上时，可以通过数据提示框查看该数据点的具体数值（见图11-1）。这对于精确分析数据点非常有用。
- 数据选择工具：数据选择工具允许用户在图形上选择数据点，并在MATLAB的工作空间中创建相应的变量，以便进一步分析或处理所选数据。
- 图形交互工具：MATLAB提供了一些交互工具，如数据标记工具、缩放工具、平移工具，这些工具可帮助用户更好地探索图形数据。
- 互动式脚本：用户可以编写互动式脚本，允许他们输入参数、交互性地控制数据可视化和分析，以及在执行脚本期间与图形进行交互。
- 模拟交互：如果你正在进行模拟或数值实验，MATLAB提供了多种方式来调整参数、实时查看模拟结果，以及与模拟系统进行交互。
- 交互式编辑：用户可以在MATLAB编辑器中编写脚本和函数，脚本中的代码会在运行时与MATLAB环境进行互动。编辑器还提供了代码自动完成、实时错误检查和调试工具。
- 交互式数据分析：使用MATLAB的统计和机器学习工具箱，用户可以进行交互式的数据探索和分析，包括可视化、特征选择和建模。

下面我们重点介绍一下如何使用绘图窗口的图形交互工具。打开工具菜单中如图11-2所示的子菜单。在3D图形中三维旋转子菜单非常有用，它可以旋转图形改变视角。

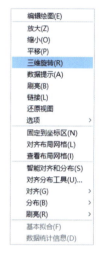

图 11-2　工具子菜单

11.2.2 示例：绘制玻璃属性3D散点图

下面我们通过示例演示如何使用MATLAB绘制3D散点图，该示例是绘制玻璃特成分3D散点图，该文件存储有关不同类型的玻璃样本的化学成分数据，文件内容如图11-3所示。

该文件包含以下列。

- RI：折射率（Refractive Index），是光通过玻璃时的折射率。
- Na：钠的含量，以百分比表示。
- Mg：镁的含量，以百分比表示。
- Al：铝的含量，以百分比表示。

	A	B	C	D	E	F	G	H	I	J
1	RI	Na	Mg	Al	Si	K	Ca	Ba	Fe	Type
2	1.52101	13.64	4.49	1.1	71.78	0.06	8.75	0	0	1
3	1.51761	13.89	3.6	1.36	72.73	0.48	7.83	0	0	1
4	1.51618	13.53	3.55	1.54	72.99	0.39	7.78	0	0	1
5	1.51766	13.21	3.69	1.29	72.61	0.57	8.22	0	0	1
6	1.51742	13.27	3.62	1.24	73.08	0.55	8.07	0	0	1
7	1.51596	12.79	3.61	1.62	72.97	0.64	8.07	0	0.26	1
8	1.51743	13.3	3.6	1.14	73.09	0.58	8.17	0	0	1
9	1.51756	13.15	3.61	1.05	73.24	0.57	8.24	0	0	1
10	1.51918	14.04	3.58	1.37	72.08	0.56	8.3	0	0	1
11	1.51755	13	3.6	1.36	72.99	0.57	8.4	0	0.11	1
12	1.51571	12.72	3.46	1.56	73.2	0.67	8.09	0	0.24	1
13	1.51763	12.8	3.66	1.27	73.01	0.6	8.56	0	0	1
14	1.51589	12.88	3.43	1.4	73.28	0.69	8.05	0	0.24	1
15	1.51748	12.86	3.56	1.27	73.21	0.54	8.38	0	0.17	1
16	1.51763	12.61	3.59	1.31	73.29	0.58	8.5	0	0	1
17	1.51761	12.81	3.54	1.23	73.24	0.58	8.39	0	0	1
18	1.51784	12.68	3.67	1.16	73.11	0.61	8.7	0	0	1
19	1.52196	14.36	3.85	0.89	71.36	0.15	9.15	0	0	1
20	1.51911	13.9	3.73	1.18	72.12	0.06	8.89	0	0	1
21	1.51735	13.02	3.54	1.69	72.73	0.54	8.44	0	0.07	1
22	1.5175	12.82	3.55	1.49	72.75	0.54	8.52	0	0.19	1
23	1.51966	14.77	3.75	0.29	72.02	0.03	9	0	0	1
24	1.51736	12.78	3.62	1.29	72.79	0.59	8.7	0	0	1
25	1.51751	12.81	3.57	1.35	73.02	0.62	8.59	0	0	1
26	1.5172	13.38	3.5	1.15	72.85	0.5	8.43	0	0	1
27	1.51764	12.98	3.54	1.21	73	0.65	8.53	0	0	1
28	1.51793	13.21	3.48	1.41	72.64	0.59	8.43	0	0	1

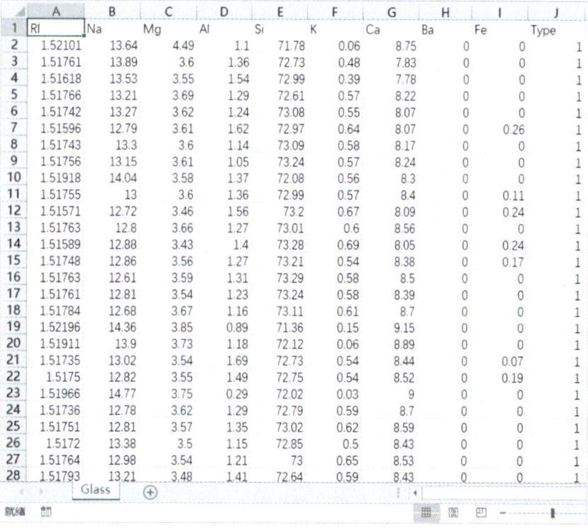

图 11-3　Glass.csv 文件（部分）

- Si：硅的含量，以百分比表示。
- K：钾的含量，以百分比表示。
- Ca：钙的含量，以百分比表示。
- Ba：钡的含量，以百分比表示。
- Fe：铁的含量，以百分比表示。
- Type：玻璃的类型，是一个分类标签。在这个数据集中，每个类型都用一个整数表示。

示例实现代码如下。

```matlab
% 从 CSV 文件加载数据
glass_data = readtable('data/Glass.csv');        ①
RI = glass_data.RI;     % 折射率
Na = glass_data.Na;     % 钠含量
Mg = glass_data.Mg;     % 镁含量

% 创建 3D 散点图
figure;
scatter3(RI, Na, Mg, 100, 'filled', 'MarkerEdgeColor', 'b', 'MarkerFaceColor',
'g');                                            ②
xlabel('折射率 (RI)');
ylabel('钠含量 (Na)');
zlabel('镁含量 (Mg)');
title('玻璃属性的 3D 散点图');

% 设置中文字符的字体
set(gca, 'FontName', 'Microsoft YaHei');         ③

% 添加网格
grid on;

% 查看图形
view(30, 30); % 设置初始视角                      ④
```

主要代码解释如下。

代码第①行从 Glass.csv 文件中加载数据，并将数据存储在 glass_data 变量中。readtable 函数用于读取 CSV 文件，这个文件应该位于 data 文件夹下。

代码第②行用 scatter3 函数创建了一个 3D 散点图，其中 X 轴表示折射率（RI），Y 轴表示钠含量（Na），Z 轴表示镁含量（Mg）。100 表示点的大小，'filled' 表示填充点，'MarkerEdgeColor' 和 'MarkerFaceColor' 分别设置了点的边框和填充颜色。

代码第③行设置图形的字体，以确保中文字符正确显示。在这里，我们使用 'Microsoft YaHei' 字体。

代码第④行设置了图形的初始视角，其中前一个30表示水平旋转角度，而后一个30表示垂直旋转角度。这个设置可以调整图形的视角。

运行上述示例代码，会生成如图11-4所示的散点图。

11.3 3D线图

3D线图是一种用于可视化三维数据的图表类型，通常用于显示在三个维度（X、Y、Z）上的数据趋势和关联性。

3D线图主要应用于以下几个方面。

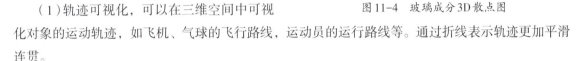

图11-4 玻璃成分3D散点图

（1）轨迹可视化，可以在三维空间中可视化对象的运动轨迹，如飞机、气球的飞行路线，运动员的运行路线等。通过折线表示轨迹更加平滑连贯。

（2）映射时间的变化趋势，沿着时间轴绘制三维曲线图，展示某一变量随时间的变化情况及趋势。例如股票价格、气温变化等时间序列数据。

（3）显示空间路径，表示空间或地形中蜿蜒的路径，如山路、河流、管道等的定量结构信息。

（4）功能关系的图像，绘制表示光滑功能关系的三维曲面，如正弦曲线，可以帮助理解函数图像。

（5）线程的执行过程，在并行编程分析中，使用3D线图表示每个线程的执行过程及时间信息。

（6）医学动画，在医学动画中利用3D折线构建人体器官或运动的图像，如肌肉收缩过程。

（7）游戏设计，构建游戏场景中的三维机械动画，如角色使用道具的动作。

11.3.1 绘制3D线图

在MATLAB中，要绘制3D线图，可以使用plot3函数。以下是一个简单的示例，演示如何绘制3D线图。

```
% 创建示例数据
t = 0:0.1:10;    % 时间向量
x = sin(t);      % X轴数据，示例使用正弦函数
y = cos(t);      % Y轴数据，示例使用余弦函数
z = t;           % Z轴数据，示例使用时间向量

% 创建 3D 线图
figure;
plot3(x, y, z, 'b', 'LineWidth', 2); % 'b' 表示蓝色线条，'LineWidth' 设置线条宽度
```

```
% 添加坐标轴标签和标题
xlabel('X 轴');
ylabel('Y 轴');
zlabel('Z 轴');
title(' 简单的 3D 线图 ');

% 查看图形
view(30, 30);  % 设置初始视角
```

在这个示例中,我们首先创建了一个时间向量 t,然后使用正弦和余弦函数生成 X 坐标和 Y 坐标数据,并将时间向量作为 Z 坐标数据。然后,我们使用 plot3 函数创建了一个 3D 线图,显示 X 坐标、Y 坐标和 Z 坐标之间的关系。我们还设置了线条的颜色和宽度,添加了坐标轴标签和标题,以及设置了初始视角。

运行上述示例代码,会生成如图 11-5 所示的 3D 曲线图。

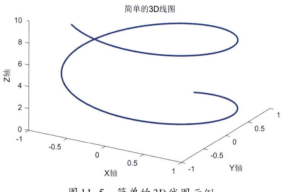

图 11-5　简单的 3D 线图示例

11.3.2 示例:绘制德国每日风能和太阳能产量 3D 线图

这个示例演示了如何加载数据、对数据进行处理和绘制 3D 线图,以可视化德国每日风能和太阳能产量的关系。

具体实现代码如下。

```
% 从 CSV 文件加载数据,并保留原始列标题
data = readtable('data/opsd_germany_daily.csv', 'VariableNamingRule',
'preserve');

% 降低数据量(每隔 7 天)
data = data(1:7:end, :);                              ①

% 提取日期、风能产量和太阳能产量数据
dates = data.Date;                                    ②
wind_power = data.Wind;
solar_power = data.Solar;                             ③

% 创建 3D 线图
figure;
plot3(1:numel(dates), wind_power, solar_power, 'b', 'LineWidth', 2);   ④
```

```matlab
% 添加坐标轴标签
xlabel(' 日期 ');
ylabel(' 风能产量 ');
zlabel(' 太阳能产量 ');
title(' 风能与太阳能产量的 3D 线图 ');

% 设置 X 轴标签旋转，以便更好地显示日期
xtickangle(45);                                           ⑤

% 查看图形
view(3); % 设置 3D 视角                                    ⑥
```

主要代码解释如下。

下面是对这段代码的详细介绍。

代码第①行每隔7天选择一个数据点。这降低了数据量，使得图形更容易阅读。

代码第②~③行从表data中提取了日期、风能产量和太阳能产量的数据。

代码第④行创建3D线图的关键部分。plot3 函数用来绘制3D线图，X轴表示日期，Y轴表示风能产量，Z轴表示太阳能产量。'b' 表示线条颜色为蓝色，'LineWidth' 设置线条宽度为2。

代码第⑤行用来旋转X轴标签，以便更好地显示日期。

代码第⑥行设置图形的视角为3D视角，以便查看3D线图。

运行上述示例代码，会生成如图 11-6 所示的3D线图。

提示 ⚠ 从图 11-6 可见示例的 3D 线图比较杂乱，我们可以使用 MATLAB 绘图窗口工具提供的"三维旋转"功能旋转图形来改变视角，也可以借助它提供的"数据提示"功能查看观察点的数据值，如图 11-7 所示。

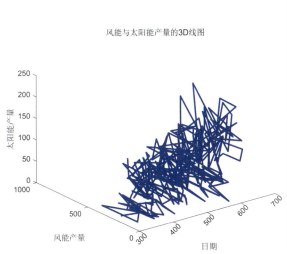

图 11-6 德国每日风能和太阳能产量3D线图

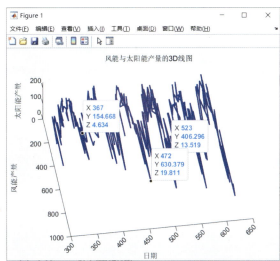

图 11-7 使用绘图窗口工具查看3D图形

11.4 3D 曲面图

3D 曲面图是一种可视化方式,它用于显示三维数据的表面形状和曲线,3D 曲面图有许多实际应用场景,主要包括以下几种。

(1)地形建模:用 3D 曲面图来展示地形高度信息,建立数字高程模型。这对地理信息系统、地形分析都很有用。

(2)数学函数可视化:用 3D 曲面图来展示多变量函数的高维数据,更直观地展示函数的形式。

(3)流体建模:用 3D 曲面图来模拟流体的流动形式,建立计算流体动力学模型。

(4)医学图像:用 3D 曲面图展示 MRI、CT 等医学扫描结果,可视化人体器官和组织结构。

(5)计算机图形学:3D 曲面图可用于表示三维模型的表面,用于计算机动画、游戏、虚拟现实等领域。

(6)气象气候学:建立三维气象变量的高度场分布,用 3D 曲面图展示天气系统的结构。

(7)科学计算可视化:可视化复杂的物理、化学模拟过程,通过 3D 曲面图直观呈现模拟结果。

(8)数据挖掘:对高维数据进行可视化分析,用 3D 曲面图展示数据之间的关系。

11.4.1 绘制 3D 曲面图

在 MATLAB 中,可以使用各种函数来绘制曲面图,例如 surf 和 mesh。本小节我们介绍 surf 函数,将在 11.4.3 小节再介绍 mesh 函数。

surf 是 MATLAB 中用于创建三维曲面图的函数。它可以用于可视化各种类型的数据,包括函数曲线、地形数据、温度分布等。以下是 surf 函数的基本语法和用法。

```
surf(X, Y, Z)
```

X、Y 和 Z 是数据点的矩阵,其中 X 和 Y 表示坐标网格,Z 表示与每个 (X, Y) 坐标对应的高程或数值数据。

我们可以使用 surf 函数来创建基本的 3D 曲面图,还可以进一步自定义图形的样式,包括颜色映射、线型、线宽、透明度等。例如,可以使用 colormap 来定义颜色映射,或者使用 shading 来设置着色方式。

以下是 surf 函数的一些常见参数和用法。

- colormap: 设置颜色映射,以便根据高程或数值数据来着色曲面。
- shading: 控制着色方式,可以是 'flat'(每个面都有单一颜色)或 'interp'(插值着色,平滑颜色过渡)。
- edgecolor: 设置曲面边缘的颜色。
- facealpha: 设置曲面的透明度。
- caxis: 指定颜色映射的范围。

我们可以根据具体的数据和可视化需求来使用这些参数来定制自己的 3D 曲面图。

下面是一个基本的示例,展示如何在 MATLAB 中创建一个简单的 3D 曲面图。

```
% 创建数据网格
[x, y] = meshgrid(-5:0.1:5, -5:0.1:5);                                    ①

% 定义一个简单的三维函数（这里是一个二次函数）
z = x.^2 + y.^2;                                                          ②

% 创建一个 Figure 对象和 3D 坐标轴
figure;
surf(x, y, z, 'FaceColor', 'interp', 'EdgeColor', 'none'); % 使用颜色插值   ③
colormap('parula'); % 使用 "parula" 颜色映射                                ④

% 设置坐标轴标签和图标题
xlabel('X Label');
ylabel('Y Label');
zlabel('Z Label');
title('3D 曲面图示例');

% 添加颜色映射的颜色栏
colorbar('Location', 'southoutside', 'Ticks', []);                        ⑤

% 显示图形
```

主要代码解释如下。

代码第①行通过 meshgrid 函数创建了一个均匀的数据网格,其中 x 和 y 是两个矩阵,它们包含从 -5 到 5 的网格点,步长为 0.1。这些网格点用于定义曲面上的点。

代码第②行定义了一个简单的三维函数 z = x.^2 + y.^2。这个函数表示一个二次函数,其值取决于 x 和 y 的平方和,用于生成曲面的高度。

代码第③行通过 surf 函数创建 3D 曲面图。它使用 x、y 和 z 数据来绘制曲面,'FaceColor' 参数设置为 'interp' 表示使用颜色插值来填充曲面,'EdgeColor' 设置为 'none' 表示不显示曲面的边缘线。

代码第④行 colormap 函数用于设置颜色映射,这里使用了 'parula' 颜色映射。

代码第⑤行 colorbar 用于添加颜色映射的颜色栏,通过 'Location' 参数指定了颜色栏的位置为 'southoutside','Ticks' 参数设置为空列表 [] 表示不显示颜色栏的刻度标签。

这段代码生成一个简单的 3D 曲面图,其中曲面的高度由 z = x.^2 + y.^2 决定,颜色由 'parula' 颜色映射定义,坐标轴和标题也已经设置好。最后,颜色栏显示在底部。

运行上述示例代码,会生成如图 11-8 所示的 3D 曲面图。

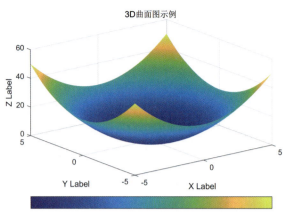

图 11-8 3D 曲面图示例

11.4.2 ▶ 示例：绘制伊甸火山 3D 曲面图

伊甸火山（Mount Eden）是新西兰奥克兰市的一座火山，也是一处受欢迎的旅游景点。数据来自 R 内置 volcano 数据，笔者导出为 volcano.csv 文件，这个数据集用于演示 3D 曲面图和地形建模的目的。

本小节我们将创建一个伊甸火山的 3D 曲面图，以展示其地形，具体示例代码如下。

```matlab
% 从 CSV 文件加载数据，跳过第一行（列名）
data = readtable('data/volcano.csv', 'HeaderLines', 1);          ①

% 提取数据列
Z = data{:,:};                                                    ②

% 创建 X 坐标和 Y 坐标
x = 1:size(Z, 2);                                                 ③
y = 1:size(Z, 1);                                                 ④

% 创建一个 Figure 对象和 3D 坐标轴
fig = figure;
ax = axes('parent', fig, 'box', 'on', 'projection', 'perspective');   ⑤

% 使用 surf 函数创建 3D 曲面图，并使用颜色映射
surf(x, y, Z, 'EdgeColor', 'none');                               ⑥
colormap(ax, 'parula');

% 设置坐标轴标签和图标题
xlabel('X 轴标签');
ylabel('Y 轴标签');
zlabel('Z 轴标签');
```

```
title(' 伊甸火山 3D 曲面图 ');

% 添加颜色映射的颜色栏
colorbar('Location', 'eastoutside');

% 手动添加图例
legend(' 伊甸火山曲面图 ');
```

主要代码解释如下。

这段 MATLAB 代码实现了以下功能。

代码第①行使用 readtable 函数从 volcano.csv 文件加载数据,跳过第一行(列名),然后将数据存储在名为 data 的表中。

代码第②行从 data 表中提取所有的数据列,存储在名为 Z 的矩阵中。

代码第③~④行创建 x 和 y 数组,用于表示数据的 X 坐标和 Y 坐标。x 从 1 到数据矩阵 Z 的列数,y 从 1 到数据矩阵 Z 的行数。

代码第⑤行创建 3D 坐标轴。设置坐标轴属性,其中 'projection'、'perspective' 设置坐标轴为透视投影。

代码第⑥行使用 surf 函数创建 3D 曲面图,将 X 坐标、Y 坐标、Z 坐标传递给它,并设置 'EdgeColor'、'none' 以去除网格线的显示。此外,使用 colormap 函数设置颜色映射为 'parula'。这样创建了一个以 X 坐标和 Y 坐标表示的伊甸火山的 3D 曲面图。

运行上述示例代码,会生成如图 11-9 所示的 3D 曲面图。

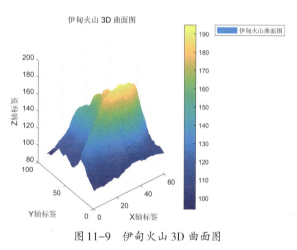

图 11-9 伊甸火山 3D 曲面图

11.4.3 3D 网格曲面图

在 MATLAB 中,mesh 函数用于创建 3D 网格曲面图。

3D 曲面的网格图和 3D 曲面图之间有以下几点区别。

❶ 显示方式

3D 曲面的网格图通常只显示曲面的网格线框,不包含颜色映射,因此通常是单色或只有线条颜色。3D 曲面图通常包括颜色映射,以根据数据值的不同来显示颜色变化,使得曲面的形状和高度更易于理解。

❷ 数据表现

3D 曲面的网格图主要用于显示曲面的几何形状和结构,对数据值的呈现较少关注。

3D曲面图更侧重于呈现数据的分布和变化，颜色映射可以反映数据值的变化，帮助用户理解数据的特征。

❸ 颜色映射

3D曲面图通常使用颜色映射来表示数据值，通常具有彩色的表现，不仅展示曲面的形状还包括数据的含义。

3D曲面的网格图通常不使用颜色映射，因此通常是单色或只有线条的颜色。

❹ 用途

3D曲面的网格图适合强调几何形状和结构，例如，在工程设计中用于显示物体的外形。

3D曲面图适合用于可视化具有数据值的曲面，例如，在科学研究和数据分析中用于显示数据分布和模式。

总的来说，选择使用3D曲面的网格图还是3D曲面图，取决于自己的数据和可视化需求。

下面是使用mesh函数绘制3D网格曲面图的示例代码。

```matlab
% 创建数据
[x, y] = meshgrid(-5:0.1:5, -5:0.1:5);
z = x.^2 + y.^2;

% 创建3D网格曲面图
figure;
mesh(x, y, z);
xlabel('X Label');
ylabel('Y Label');
zlabel('Z Label');
title('3D 网格曲面图示例');

% 显示图形
```

运行上述示例代码，会生成如图11-10所示的3D网格曲面图。

11.4.4 示例：绘制伊甸火山3D网格曲面图

11.4.2小节我们使用3D曲面图可视化分析伊甸火山数据，本小节我们采用3D网格曲面图可视化分析伊甸火山数据，以展示其地形，具体示例代码如下。

```matlab
% 从CSV文件加载数据，跳过第一行（列名）
data = readtable('data/volcano.csv',
```

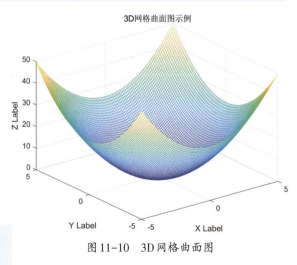

图11-10　3D网格曲面图

```matlab
    'HeaderLines', 1);

% 提取数据列
Z = data{:,:};

% 创建 X 坐标和 Y 坐标
x = 1:size(Z, 2);
y = 1:size(Z, 1);
[X, Y] = meshgrid(x, y);                                                  ①

% 创建一个 Figure 对象和 3D 坐标轴
fig = figure;
ax = axes('parent', fig, 'box', 'on', 'projection', 'perspective');       ②
% 使用 mesh 函数创建 3D 网格图
mesh(X, Y, Z, 'EdgeColor', 'b');   % 使用蓝色边界线                        ③

% 设置坐标轴标签和图标题
xlabel('X 轴标签 ');
ylabel('Y 轴标签 ');
zlabel('Z 轴标签 ');
title(' 伊甸火山 3D 网格图 ');

% 显示图形
```

上述主要代码解释如下。

代码第①行使用 x 和 y 向量创建二维坐标网格，其中 X 包含 X 坐标，Y 包含 Y 坐标。

代码第②行创建一个包含 3D 坐标轴的 axes 对象，采用透视（'perspective'）投影。

代码第③行使用 X 坐标、Y 坐标和 Z 坐标数据及蓝色边界线颜色，绘制 3D 网格曲面图。这表示网格线是蓝色的。

运行上述示例代码，会生成如图 11-11 所示的伊甸火山 3D 网格曲面图。

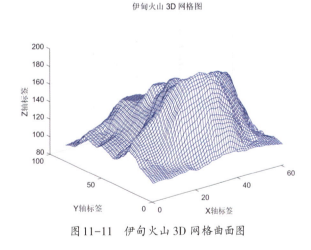

图 11-11　伊甸火山 3D 网格曲面图

11.5　3D 柱状图

3D 柱状图在数据探索和可视化中非常有用，可以帮助我们更好地理解数据的三维结构和分布。通过 MATLAB 的强大绘图工具和函数，我们可以轻松创建各种类型的 3D 柱状图来满足不同的数据可视化需求。

11.5.1 绘制 3D 柱状图

在 MATLAB 中绘制 3D 柱状图,可以使用 bar3 函数。以下是一个简单的示例,演示如何创建一个 3D 柱状图。

```
% 生成一些示例数据
data = rand(5, 4);    % 生成一个 5×4 的随机数据集

% 创建 3D 柱状图
figure;
bar3(data);

% 设置坐标轴标签和图标题
xlabel('X 轴标签 ');
ylabel('Y 轴标签 ');
zlabel('Z 轴标签 ');
title('3D 柱状图示例 ');

% 显示图形
```

在这个示例中,我们生成了一个 5×4 的随机数据集,并使用 bar3 函数来创建 3D 柱状图。

运行上述示例代码,会生成如图 11-12 所示的 3D 柱状图。

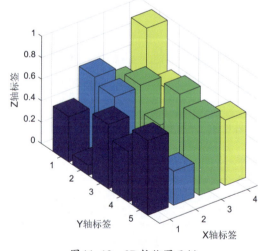

图 11-12 3D 柱状图示例

11.5.2 示例:绘制西雅图塔科马国际机场气象数据 3D 柱状图

西雅图塔科马国际机场气象数据包括降水量(PRCP)和最高温度(TMAX)等信息。通过将这些数据可视化为 3D 柱状图,我们可以更直观地了解气象变化趋势。

具体实现代码如下。

```
% 从 CSV 文件加载数据, 跳过第一行 ( 列名 )
data = readtable('data/Seattle2014.csv');                    ①

% 获取 PRCP 和 TMAX 列的数据
prcp = data.PRCP;                                            ②
tmax = data.TMAX;                                            ③
```

```
% 获取日期数据(假设日期数据为整数,格式为 'yyyyMMdd')
dates_numeric = data.DATE;
dates_str = num2str(dates_numeric);    % 转换为字符数组
dates_cell = cellstr(dates_str);        % 转换为单元格数组
dates = datetime(dates_cell, 'InputFormat', 'yyyyMMdd');

% 选择每隔一个月的日期点
selected_dates = dates(1:30:end);                                          ④

% 创建3D柱状图
figure;
bar3(1:numel(selected_dates), [prcp(1:30:end), tmax(1:30:end)]);           ⑤

% 设置图例和标签
xlabel('日期');
ylabel('PRCP 和 TMAX');
zlabel('数值');
title('3D柱状图示例');

% 手动设置刻度位置和标签
xticks(1:numel(selected_dates));                                           ⑥
xticklabels(datestr(selected_dates, 'yyyy-mm-dd'));                        ⑦

% 显示图形
```

主要代码解释如下。

代码第①行使用 readtable 函数从 Seattle2014.csv 文件中加载数据，并将数据存储在变量 data 中。CSV 文件的第一行通常包含列名，但这行代码会跳过第一行，因此 data 将包含从第二行开始的数据。

代码第②行从 data 中选择了 PRCP 列的数据，并将其存储在变量 prcp 中。PRCP 列可能包含降水量数据。

代码第③行从 data 中选择了 TMAX 列的数据，并将其存储在变量 tmax 中。TMAX 列可能包含最高温度数据。

代码第④行选择了日期数据，假设日期数据是整数格式(如 'yyyyMMdd')，然后将其存储在 selected_dates 中。它使用了每隔一个月的日期点，因此 selected_dates 将包含每隔一个月的日期。

代码第⑤行创建了一个3D柱状图，使用了 bar3 函数。它以 selected_dates 为 X 轴，PRCP 和 TMAX 的子集为 Y 轴，它们的数值为 Z 轴。这样，可以在图中看到每隔一个月的日期与对应的 PRCP 和 TMAX 数据的关系。

代码第⑥行手动设置 X 轴刻度的位置，使用了 xticks 函数。它将刻度位置设置为从1到 numel(selected_dates)，确保 X 轴上的刻度与 selected_dates 的日期对应。

代码第⑦行手动设置X轴刻度标签，使用了xticklabels函数。它将X轴上的刻度标签设置为selected_dates中的日期，使用 'yyyy-mm-dd' 格式进行显示。

运行上述示例代码，会生成如图11-13所示的西雅图塔科马国际机场气象数据3D柱状图。

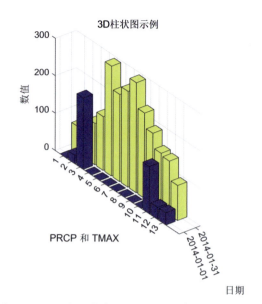

图11-13　西雅图塔科马国际机场气象数据3D柱状图

11.6　3D条形图

条形图（Horizontal Bar Chart）与3D柱状图类似，它们的主要区别体现在以下几个方面。

❶ **图形排布方向不同**

3D柱状图的柱子是竖直排布的，而3D条形图的条形是水平排布的。

❷ **数据映射方式不同**

在3D柱状图中，X轴和Y轴数据决定了柱子的位置，Z轴数据决定柱子的高度。

而在3D条形图中，X轴数据决定条形的位置，Y轴数据决定条形的长度，Z轴数据决定条形的高度。

❸ **适用场景不同**

当需要展示不同组别下某变量的数值大小时，更适合使用3D柱状图。

当需要展示某一变量在不同情况下值的变化时，更适合使用3D条形图。

❹ **角度和视觉效果不同**

3D柱状图更适合顶视角来查看，更能突出每组数据的高低变化。

3D条形图更适合侧视角来查看，更能突出某变量的整体变化趋势。

总体来说，3D柱状图侧重对比不同分类的定量数据，而3D条形图侧重展示同一变量在不同情况下的变化趋势。选择何种图形需要根据具体的分析目的而定。

绘制3D条形图

使用bar3h函数可以创建3D条形图，以下是一个示例。

```
% 生成一些示例数据
data = rand(5, 4);   % 生成一个 5×4 的随机数据集

% 创建 3D 条形图
figure;
bar3h(data);
```

```matlab
% 设置坐标轴标签和图标题
xlabel('X轴标签');
ylabel('Y轴标签');
zlabel('Z轴标签');
title('3D条形图示例');

% 显示图形
```

运行上述示例代码,会生成如图11-14所示的3D条形图。

11.7 3D饼图

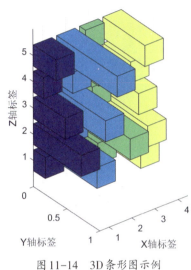

图11-14 3D条形图示例

3D饼图是一种数据可视化图表类型,用于表示数据的组成部分,并将这些部分的相对大小可视化呈现为一个带有三维效果的饼形。它在MATLAB等数据分析和可视化工具中常用于显示部分与整体之间的比例关系。以下是有关3D饼图的一些重要信息。

(1)构成部分的相对比例:3D饼图主要用于显示不同组成部分相对于整体的百分比或比例关系。每个部分的大小表示相应数据类别的重要性。

(2)3D效果:与传统的2D饼图不同,3D饼图在视觉上给人以三维效果。这可以帮助数据更生动地呈现,但有时也可能使图表变得复杂。

(3)数据标签:通常在3D饼图中,每个部分都有与之相关的数据标签,显示它们所代表的类别或数值。这有助于阐明每个部分的含义。

(4)颜色映射:3D饼图通常使用不同颜色来区分不同的部分,以便更清晰地表示数据。颜色的选择可以根据需要进行自定义。

(5)图例:图例通常包括数据标签,以解释每个部分的含义。它可以放置在图表的不同位置,如图例的右侧或底部。

(6)局限性:尽管3D饼图可以帮助可视化相对比例,但有时它可能不够清晰,特别是在部分之间的相对大小差异不明显时。在这种情况下,其他图表类型,如条形图或堆积条形图,可能更适合。

11.7.1 绘制3D饼图

在MATLAB中,可以使用pie3函数创建3D饼图。以下是一个示例,演示如何绘制3D饼图。

```matlab
% 创建示例数据
data = [30, 20, 15, 10, 25]; % 每个部分的百分比
```

```
% 创建 3D 饼图
figure;
h = pie3(data);

% 添加标题
title('3D 饼图示例 ');

% 自定义明亮和鲜艳的颜色
colors = [1, 0, 0; 0, 1, 0; 0, 0, 1; 1, 0, 1; 1, 1, 0]; % 红、绿、蓝、紫、黄
colormap(colors);

% 添加标签
labels = {'部分 1', '部分 2', '部分 3', '部分 4', '部分 5'};
legend(labels, 'Location', 'BestOutside');
```

这段示例代码首先创建一个包含各个部分百分比的数据向量，然后使用 pie3 函数创建 3D 饼图。我们可以根据自己的数据和需求来替换示例数据、自定义颜色映射和添加标签。

运行上述示例代码，会生成如图 11-15 所示的 3D 饼图。

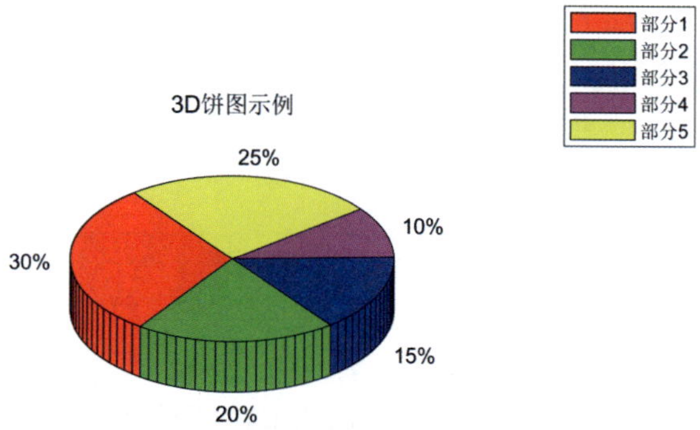

图 11-15　3D 饼图示例

11.7.2　示例：绘制婴儿性别比例 3D 饼图

在 7.5.2 小节我们介绍过一个绘制婴儿性别比例饼图的示例，本小节我们将饼图修改为 3D 饼图，来体验它们的不同。

具体实现代码如下。

```
% 创建 3D 饼图
figure;
h = pie3(gender_data.Count, Gender); % 创建 3D 饼图，男性和女性的数量为数据        ①

% 自定义明亮和鲜艳的颜色
colors = [1, 0.5, 0; 0, 0.7, 1]; % 橙色和蓝色                                  ②
colormap(colors);

% 创建一个布尔向量来表示哪个部分需要突出显示
explode = [0, 1]; % 1 表示将 " 女性 " 部分分离出来                              ③

% 获取饼图的子图对象
h = findobj(h, 'Type', 'patch');                                              ④
```

```
% 设置部分分离
for i = 1:numel(explode)                                              ⑤
    if explode(i)
        h(i).Vertices(:, 1) = h(i).Vertices(:, 1) * 1.1; % 适当调整 X 坐标来分离部分 ⑥
    end
end

% 自定义标题颜色和位置
title('婴儿性别比例 3D 饼图 ', 'FontSize', 16, 'FontWeight', 'bold', 'Color', ...
    [0.2, 0.2, 0.8]);

% 调整标签位置（Y 坐标稍上移）
text('Position', [0, 0, 1.2], 'String', [num2str(male_percentage), '%'], ...
'FontSize', 12, 'HorizontalAlignment', 'center');
text('Position', [0, 0, -1.2], 'String', [num2str(female_percentage), '%'], ...
'FontSize', 12, 'HorizontalAlignment', 'center');
```

上述代码解释如下。

代码第①行创建了一个新的 MATLAB 图形窗口，并在图形窗口中创建一个 3D 饼图，用来表示婴儿的性别比例。这是通过使用 pie3 函数来实现的，其中 gender_data.Count 包含男性和女性的数量数据，Gender 包含性别标签数据。

代码第②行自定义了明亮和鲜艳的颜色，橙色和蓝色分别表示不同性别的部分。这些颜色存储在 colors 矩阵中，用于后续应用到饼图上。

代码第③行创建了一个名为 explode 的布尔向量，其中 1 表示将 "女性" 部分分离出来，而 0 表示不分离。

代码第④行通过 findobj 函数获取饼图对象中的子图对象，以便后续对饼图的部分进行操作。

代码第⑤行通过一个 for 循环遍历 explode 向量中的每个元素，检查是否需要分离。

代码第⑥行如果 explode(i) 为真（为 1），则将 h(i).Vertices (:, 1) 的 X 坐标适当地调整为原来的 1.1 倍，以使部分分离出来。这一行代码实现了饼图的部分分离效果。

运行上述示例代码，会生成如图 11-16 所示的 3D 饼图。

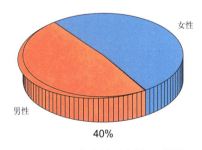

图 11-16　婴儿性别比例 3D 饼图

11.8　3D 气泡图

3D 气泡图（3D Bubble Chart）是一种数据可视化图表类型，用于表示三维数据集中的数据点，其中每个数据点由三个主要维度表示,并使用气泡的大小来表示一个附加的数值维度。这种图表通常用于可视化复杂的多维数据,以显示数据点之间的关系和趋势。

3D气泡图通常包括以下要素。

(1)三维坐标轴:通常,三个坐标轴分别表示数据的不同维度,例如X轴表示一个维度,Y轴表示另一个维度,Z轴表示第三个维度。这使得用户可以在三维空间中放置数据点。

(2)数据点:每个数据点在三维空间中用一个气泡或球来表示。气泡的位置由X坐标、Y坐标和Z坐标决定,而气泡的大小通常表示第四个数值维度。气泡的大小可以根据数据值的不同而变化,这允许用户比较数据点之间的大小差异。

(3)气泡颜色:气泡的颜色可以用来表示另一个维度或属性。例如,可以使用不同的颜色来表示数据点所属的类别。

3D气泡图的主要优点包括以下几个方面。

(1)可视化复杂数据:它可以帮助用户理解多维数据集中的关系和趋势,尤其是当需要在多个维度上比较数据时。

(2)易于理解:气泡图的可视性很高,因为它使用三维坐标和气泡的大小、颜色来传达信息,使数据更容易理解。

(3)可用于交互分析:一些工具支持交互性,允许用户旋转、缩放和探索三维气泡图,以发现隐藏的模式或趋势。

3D气泡图适合用于可视化复杂的数据集,如市场分析、科学研究、工程领域等,以便观察者更好地理解数据中的关键信息。但需要注意,当气泡数量较多或数据集过于复杂时,3D气泡图可能会变得混乱,因此需要慎重选择使用。

11.8.1 绘制3D气泡图

在MATLAB中,要绘制3D气泡图,可以使用bubblechart3函数,其基本语法如下。

```
bubblechart3(X, Y, Z, S)
```

其中代码说明如下。

X, Y, Z:表示数据点的三维坐标。它们分别是X轴、Y轴和Z轴的数据。

S:表示气泡的大小数据,用于表示每个数据点的大小。S可以是一个标量,表示所有气泡的大小相同,或者是一个与X, Y, Z相同大小的矩阵,用于分别指定每个数据点的大小。

此外,还可以自定义气泡图的属性。例如,可以设置颜色、透明度、标签等属性。

> **注意** ⚠ 要使用bubblechart3函数,要求是MATLAB R2021b及更高版本。这个函数可用于创建带有颜色、大小和其他自定义属性的3D气泡图,以可视化三维数据。

以下是一个示例,演示如何在MATLAB中使用bubblechart3绘制一个简单的3D气泡图。

```
%% 1.简单的3D气泡图,指定气泡大小维度
```

```
% 创建示例数据
x = [1, 2, 3, 4, 5];
y = [2, 3, 4, 5, 6];
z = [10, 20, 30, 40, 50];
size = [100, 200, 300, 400, 500];

% 创建 3D 气泡图
bubblechart3(x, y, z, size);

% 设置轴标签
xlabel('X Label');
ylabel('Y Label');
zlabel('Z Label');

% 设置图表标题
title('3D Bubble Chart');
```

在上述示例中,我们首先创建了示例数据 x、y、z 和 size,然后使用 bubblechart3 函数绘制 3D 气泡图。

运行上述示例代码,会生成如图 11-17 所示的指定大小的 3D 气泡图。

另外,我们还可以指定气泡的颜色、透明度和其他属性,来增加 3D 气泡图的表现维度。

以下是一个示例,演示如何指定气泡颜色维度。

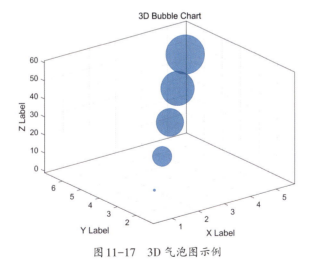

图 11-17 3D 气泡图示例

```
% 创建示例数据
x = [1, 2, 3, 4, 5];
y = [2, 3, 4, 5, 6];
z = [10, 20, 30, 40, 50];
size = [100, 200, 300, 400, 500];
```

```
color = [0.5, 0.3, 0.8, 0.9, 0.6];    % 颜色数据

% 创建3D气泡图,指定颜色维度
bubblechart3(x, y, z, size, color);

% 设置轴标签
xlabel('X Label');
ylabel('Y Label');
zlabel('Z Label');

% 设置图表标题
title('带有颜色的3D气泡图');
```

这段代码演示了如何使用 bubblechart3 函数创建一个带有颜色维度的3D气泡图,以可视化多维数据,并设置轴标签和图表标题,使图表更具可读性。带有颜色的3D气泡图可用于突出数据中的额外信息,例如类别或数值。

运行上述示例代码,会生成如图11-18所示的指定颜色的3D气泡图。

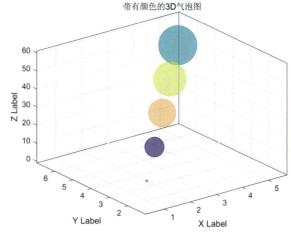

图11-18 带有颜色的3D气泡图示例

11.8.2 示例:绘制不同汽车型号性能3D气泡图

在这个示例中,我们将使用MATLAB创建一个3D气泡图,以探索不同汽车型号的性能特征。我们将使用mtcars.csv数据集,该数据集包含多个汽车型号的性能数据,包括每加仑英里数、气缸数量、排量。通过这个图表,我们可以直观地比较不同汽车型号之间的性能特征差异,了解它们在各种指标上的表现。

实现代码如下。

```
% 读取数据集
data = readtable('data/mtcars.csv'); % 请确保文件路径正确

% 从数据集中提取所需的列
x = data.mpg;
y = data.cyl;
z = data.disp;
size = data.hp;        % 使用 "hp" 列作为气泡大小维度
color = data.gear;     % 使用 "gear" 列作为颜色维度

% 创建3D气泡图
```

```matlab
bubblechart3(x, y, z, size, color, 'MarkerFaceAlpha', 0.7);

% 设置中文轴标签
xlabel('每加仑英里数 (mpg)', 'FontName', 'SimHei');
ylabel('气缸数量 (cyl)', 'FontName', 'SimHei');
zlabel('排量 (disp)', 'FontName', 'SimHei');

% 设置中文图表标题
title('不同汽车型号性能 3D 气泡图 ', 'FontName', 'SimHei');

% 添加颜色条
colormap('jet');
colorbar;
```

这段代码首先读取 mtcars.csv 数据集，然后从数据集中选择了 "mpg"、"cyl" 和 "disp" 列，将它们用作 X 坐标、Y 坐标和 Z 坐标。它还使用 "hp" 列来控制气泡的大小，使用 "gear" 列来控制气泡的颜色。

运行上述示例代码，会生成如图 11-19 所示的不同汽车型号性能 3D 气泡图。

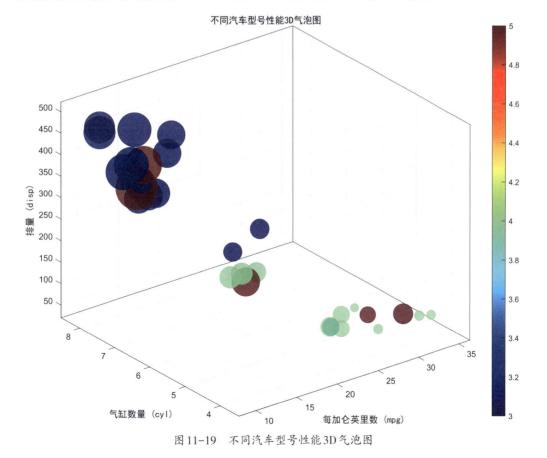

图 11-19　不同汽车型号性能 3D 气泡图

11.9 本章总结

本章介绍了绘制3D图形的方法，用于呈现三维数据的特征，包括3D散点图、3D线图、3D曲面图、3D柱状图、3D条形图、3D饼图和3D气泡图。这些方法有助于展示三维数据的不同特征和关系。

第12章 地理信息可视化

MATLAB 地理信息可视化是一种将地理信息数据以图形方式呈现和分析的方法。它结合了 MATLAB 的强大计算能力和 Mapping Toolbox 提供的地理信息系统（GIS）功能，允许用户创建各种类型的地图、图表和可视化图形，用于理解和解释地球上的地理数据与现象。

地理信息可视化在多个领域得到广泛应用，包括地理学、环境科学、城市规划、资源管理、地质学、气象学、流行病学等。它可以用于研究、决策支持和信息传达。

本章介绍了多种用于地理信息可视化的图形类型：地理散点图、地理密度图、地理线图、地理气泡图、等高线图。这些方法有助于更好地呈现和分析地理数据的分布、密度、路径、大小与地形。

12.1 地理散点图

地理散点图是一种用于可视化地理坐标点分布的图形。它适用于在地图上显示离散地理坐标点，每个点可以代表不同的实体、地点或或其他类型的观测值。这种图形常常用于标记地理位置、研究地理分布、城市规划、地理统计等领域。

12.1.1 绘制地理散点图

在 MATLAB 中绘制地图上的散点图，可以使用 geoscatter 函数。下面是绘制地理散点图的基本步骤。

（1）创建地理坐标数据，包括纬度和经度信息。这些坐标将决定散点的位置。

（2）创建一个地理坐标图，以显示地图上的散点。我们可以使用 usamap 函数来创建一个美国地理坐标图，或者根据具体的数据选择合适的地理坐标图。

（3）可选：设置地图的背景颜色，使用 setm 函数。

（4）可选：使用 geoshow 函数添加底图，例如美国的陆地或其他地理要素。这一步骤是可选的，根据需要添加。

（5）使用 geoscatter 函数创建地理散点图。用户可以指定数据点的纬度、经度，以及其他可选参数，如颜色和散点样式。

（6）设置图标题和其他自定义选项，以使地理散点图更具吸引力和可读性。

以下是一个示例，展示如何绘制地理散点图。

```matlab
% 创建地理坐标数据，这里以美国境内的一些城市为例
uslat = [34.0522, 40.7128, 41.8781, 37.7749];                              ①
uslon = [-118.2437, -74.0060, -87.6298, -122.4194];                        ②
uscities = {'洛杉矶', '纽约', '芝加哥', '旧金山'};                           ③

% 创建地理散点图
figure;
ax = usamap('conus'); % 创建美国本土地理坐标图                              ④
setm(ax, 'FaceColor', [0.9 0.9 0.9]); % 设置地图背景颜色                    ⑤

% 使用 geoshow 函数添加底图（例如，美国陆地）
geoshow('landareas.shp', 'DisplayType', 'polygon', 'FaceColor', ...
        [0.8 0.8 0.8]); % 添加地理底图                                      ⑥

% 关闭 hold 状态
hold off;                                                                  ⑦

% 使用 geoscatter 函数创建地理散点图
geoscatter(uslat, uslon, 'r', 'filled'); % 'r' 表示红色, 'filled' 表示填充散点  ⑧

% 使用 text 函数添加城市名称标签
for i = 1:numel(uscities)                                                  ⑨
    text(uslat(i), uslon(i), uscities{i}, 'VerticalAlignment', 'bottom', ...
        'HorizontalAlignment', 'left');                                    ⑩
end
```

这些代码一起创建了一个地理散点图，显示美国一些城市的位置，并使用文本标签显示它们的名称。

代码解释如下。

代码第①行定义了 uslat 变量，其中包含美国一些城市的纬度数据。

代码第②行定义了 uslon 变量，其中包含美国一些城市的经度数据。

代码第③行定义了 uscities 变量，其中包含美国一些城市的名称。

代码第④行使用 usamap 函数创建了一个 GeographicAxes 对象，这个对象代表美国本土的地理坐标图。

代码第⑤行使用 setm 函数设置了地图背景颜色。

代码第⑥行使用 geoshow 函数将地理底图加载到地图上，通过 landareas.shp 文件来显示美国陆地，并设置陆地的填充颜色。

代码第⑦行关闭了 hold 状态，以确保在绘制地理散点图时不会受到之前绘制的内容的影响。

代码第⑧行使用geoscatter函数创建地理散点图，显示美国一些城市的位置。

代码第⑨行开始一个循环，用于遍历城市名称（uscities）。

在代码的第⑩行使用text函数将城市名称标签添加到地理坐标上，该函数采用指定的纬度和经度坐标及其他属性设置，例如文本的垂直和水平对齐方式。

12.1.2 绘制加利福尼亚州各城市地理散点图

本示例采用地图散点图可视化显示加利福尼亚州各城市数据，该示例数据来自california_cities.csv文件，文件内容如图12-1所示，其中各列说明如下。

- city：城市名称。
- latd：纬度。
- longd：经度。
- elevation_m：海拔高度（米）。
- elevation_ft：海拔高度（英尺）。
- population_total：总人口数。
- area_total_sq_mi：总面积（平方英里）。
- area_land_sq_mi：陆地面积（平方英里）。
- area_water_sq_mi：水域面积（平方英里）。
- area_total_km2：总面积（平方公里）。
- area_land_km2：陆地面积（平方公里）。
- area_water_km2：水域面积（平方公里）。
- area_water_percent：水域面积百分比。

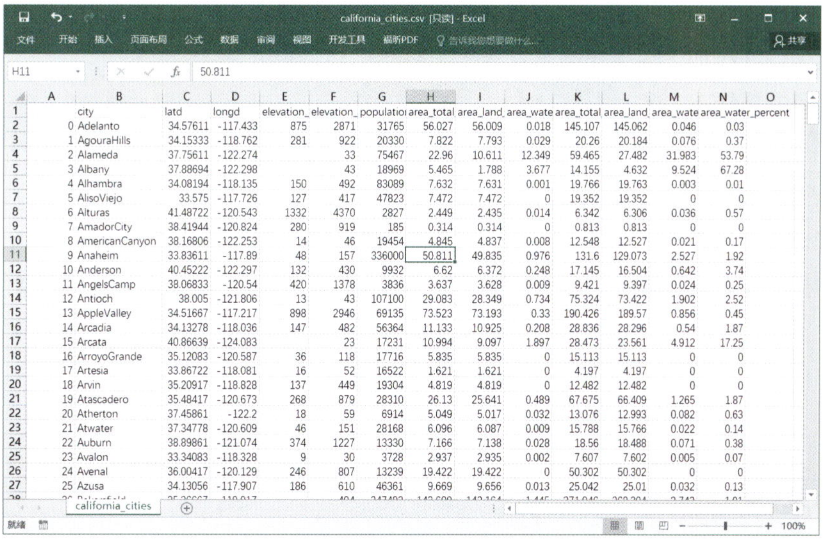

	city	latd	longd	elevation_	elevation_	populatioı	area_total	area_land_	area_wate	area_total	area_land_	area_wate	area_water_percent
0	Adelanto	34.57611	-117.433	875	2871	31765	56.027	56.009	0.018	145.107	145.062	0.046	0.03
1	AgouraHills	34.15333	-118.762	281	922	20330	7.822	7.793	0.029	20.26	20.184	0.076	0.37
2	Alameda	37.75611	-122.274		33	75467	22.96	10.611	12.349	59.465	27.482	31.983	53.79
3	Albany	37.88694	-122.298		43	18969	5.465	1.788	3.677	14.155	4.632	9.524	67.28
4	Alhambra	34.08194	-118.135	150	492	83089	7.632	7.631	0.001	19.766	19.763	0.003	0.01
5	AlisoViejo	33.575	-117.726	127	417	47823	7.472	7.472	0	19.352	19.352	0	0
6	Alturas	41.48722	-120.543	1332	4370	2827	2.449	2.435	0.014	6.342	6.306	0.036	0.57
7	AmadorCity	38.41944	-120.824	280	919	185	0.314	0.314	0	0.813	0.813	0	0
8	AmericanCanyon	38.16806	-122.253	14	46	19454	4.845	4.837	0.008	12.548	12.527	0.021	0.17
9	Anaheim	33.83611	-117.89	48	157	336000	50.811	49.835	0.976	131.6	129.073	2.527	1.92
10	Anderson	40.45222	-122.297	132	430	9932	6.62	6.372	0.248	17.145	16.504	0.642	3.74
11	AngelsCamp	38.06833	-120.54	420	1378	3836	3.637	3.628	0.009	9.421	9.397	0.024	0.25
12	Antioch	38.005	-121.806	13	43	107100	29.083	28.349	0.734	75.324	73.422	1.902	2.52
13	AppleValley	34.51667	-117.217	898	2946	69135	73.523	73.193	0.33	190.426	189.57	0.856	0.45
14	Arcadia	34.13278	-118.036	147	482	56364	11.133	10.925	0.208	28.836	28.296	0.54	1.87
15	Arcata	40.86639	-124.083		23	17231	10.994	9.097	1.897	28.473	23.561	4.912	17.25
16	ArroyoGrande	35.12083	-120.587	36	118	17716	5.835	5.835	0	15.113	15.113	0	0
17	Artesia	33.86722	-118.081	16	52	16522	1.621	1.621	0	4.197	4.197	0	0
18	Arvin	35.20917	-118.828	137	449	19304	4.819	4.819	0	12.482	12.482	0	0
19	Atascadero	35.48417	-120.673	268	879	28310	26.13	25.641	0.489	67.675	66.409	1.265	1.87
20	Atherton	37.45861	-122.2	18	59	6914	5.049	5.017	0.032	13.076	12.993	0.082	0.63
21	Atwater	37.34778	-120.609	46	151	28168	6.096	6.087	0.009	15.788	15.766	0.022	0.14
22	Auburn	38.89861	-121.074	374	1227	13330	7.166	7.138	0.028	18.56	18.488	0.071	0.38
23	Avalon	33.34083	-118.328	9	30	3728	2.937	2.935	0.002	7.607	7.602	0.005	0.07
24	Avenal	36.00417	-120.129	246	807	13239	19.422	19.422	0	50.302	50.302	0	0
25	Azusa	34.13056	-117.907	186	610	46361	9.669	9.656	0.013	25.042	25.01	0.032	0.13

图 12-1 california_cities.csv 文件

具体实现代码如下。

```matlab
% 读取数据文件
data = readtable('data/california_cities.csv');          ①

% 获取经度、纬度数据
uslon = data.longd;                                      ②
uslat = data.latd;                                       ③

% 创建地理散点图
figure;
ax = usamap('conus');   % 创建美国本土地理坐标图
setm(ax, 'FaceColor', [0.9 0.9 0.9]);   % 设置地图背景颜色

% 使用 geoshow 函数添加底图（例如，美国陆地）
geoshow('landareas.shp', 'DisplayType', 'polygon', 'FaceColor', [0.8 0.8 
0.8]);   % 添加地理底图

% 关闭 hold 状态
hold off;

% 使用 geoscatter 函数创建地理散点图
geoscatter(uslat, uslon, 'r', 'filled');   % 'r' 表示红色, 'filled' 表示填充散点   ④

% 设置图标题
title(' 加利福尼亚州各城市地理散点图 ');
```

这段代码的主要目的是创建一个加利福尼亚州城市的地理散点图，将城市的位置用红色填充散点表示在地图上，并添加了地图底图及设置了图标题。

以下是代码的解释。

代码第①行从 california_cities.csv 文件中读取数据。这将创建一个包含城市数据的表格。

代码第②行从数据表中提取经度数据，将其存储在名为 uslon 的变量中。

代码第③行从数据表中提取纬度数据，将其存储在名为 uslat 的变量中。

代码第④行创建一个地理散点图，使用 uslat 和 uslon 变量表示城市的位置。'r' 表示红色, 'filled' 表示填充散点。

运行示例代码，绘制出加利福尼亚州各城市地理散点图。

12.2 地理密度图

地理密度图（Geographic Density Plot）是一种地理数据可视化方法，用于显示地理空间上的数据

点的密度分布。它通常用于表示在特定地理区域内的数据点的集中程度，以便更好地理解地理数据的分布。地理密度图可以帮助用户识别地理上的热点区域或稀疏区域。

12.2.1 绘制地理密度图

要绘制地理密度图，可以使用MATLAB中的geodensityplot函数。下面是绘制地理密度图的基本步骤。

（1）创建地理坐标数据，包括纬度和经度信息。

（2）创建一个地理坐标图，使用usamap函数来创建，或者根据具体的数据选择合适的地理坐标图。

（3）设置地图的背景颜色，这是可选的，可以使用setm函数来实现。

（4）使用geoshow函数添加底图，例如美国的陆地或其他地理要素。这一步也是可选的，根据需要添加。

（5）关闭hold状态，确保后续绘图不会叠加到已有的图层上。

（6）使用geodensityplot函数创建地理密度图。可以指定数据点的纬度、经度及一些可选参数，例如半径和颜色。

（7）设置图标题和其他自定义选项，以使地理密度图更具吸引力和可读性。

以下是一个示例，展示如何绘制地理密度图。

```
% 创建地理坐标数据
cities = ["New York", "Los Angeles", "Chicago", "Houston", "Phoenix"];    ①
lat = [40.712, 34.052, 41.878, 29.760, 33.448];                           ②
lon = [-74.006, -118.243, -87.629, -95.369, -112.074];                    ③
population = [8398748, 3990456, 2705994, 2320268, 1680992];               ④

% 创建地理密度图
figure;
ax = usamap('conus');  % 创建美国本土地理坐标图
setm(ax, 'FaceColor', [0.9 0.9 0.9]);  % 设置地图背景颜色

% 使用geoshow函数添加底图（例如，美国陆地）
geoshow('landareas.shp', 'DisplayType', 'polygon', 'FaceColor', [0.8 0.8
0.8]);  % 添加地理底图                                                     ⑤

% 关闭 hold 状态
hold off;                                                                  ⑥

% 使用geodensityplot函数创建地理密度图
h = geodensityplot(lat, lon, population, 'FaceColor', 'interp');  % 'FaceColor'
设置颜色                                                                   ⑦
```

```
% 设置颜色栏
colormap(jet); % 使用 Jet 颜色映射，你可以根据需要选择其他颜色映射         ⑧
c = colorbar;
c.Label.String = '人口密度';

% 设置图标题
title('美国城市人口地理密度图');
```

这段代码使用geodensityplot函数创建地理密度图。它接受纬度、经度和人口数据，'FaceColor'参数设置颜色为'interp'，以便通过数据值自动插值颜色，以显示不同的密度。

代码解释如下。

代码第①行创建一个包含美国五个城市名称的字符串数组。

代码第②行创建一个包含这些城市的纬度数据的数组。

代码第③行创建一个包含这些城市的经度数据的数组。

代码第④行创建一个包含这些城市的人口数据的数组。

代码第⑤行使用 geoshow 函数添加地理底图，'landareas.shp'是包含地理数据的文件，'polygon'表示使用多边形绘制地图，'FaceColor'参数设置地图填充颜色为深灰色。

代码第⑥行关闭 hold 状态，确保接下来的绘图不会覆盖已有内容。

代码第⑦行使用geodensityplot函数创建地理密度图。它接受纬度、经度和人口数据，'FaceColor'参数设置颜色为'interp'，以便通过数据值自动插值颜色，以显示不同的密度。

代码第⑧行设置颜色映射为'jet'，这是一种常用的颜色映射方案，也可以根据需要选择其他颜色映射。

运行示例代码，绘制出美国城市人口地理密度图。

12.2.2 示例：绘制加利福尼亚州城市人口地理密度图

本示例我们使用california_cities.csv文件数据，采用地图密度图可视化加利福尼亚州城市人口密度。

具体实现代码如下。

```
data = readtable('data/california_cities.csv');                    ①

% 获取经度、纬度和人口数据
lat = data.latd;                                                    ②
lon = data.longd;                                                   ③
population = data.population_total;                                 ④

% 创建地理密度图
figure;
ax = usamap('california'); % 创建加利福尼亚州地理坐标图              ⑤
```

```
setm(ax, 'FaceColor', [0.9 0.9 0.9]); % 设置地图背景颜色⑥

% 使用 geoshow 函数添加底图（例如，加利福尼亚州陆地）
geoshow('landareas.shp', 'DisplayType', 'polygon', 'FaceColor', [0.8 0.8
0.8]); % 添加地理底图                                              ⑦

% 关闭 hold 状态
hold off;

% 使用 geodensityplot 函数创建地理密度图
h = geodensityplot(lat, lon, population, 'FaceColor', 'interp'); % 'FaceColor'
设置颜色                                                          ⑧

% 设置颜色栏
colormap(jet); % 使用 Jet 颜色映射, 你可以根据需要选择其他颜色映射
c = colorbar;
c.Label.String = '人口密度';

% 设置图标题
title('加利福尼亚州城市人口地理密度图');
```

主要代码解释如下。

代码第①行从california_cities.csv文件中读取数据，并将数据存储在一个数据表（table）中。

代码第②行从数据表data中提取纬度（latitude）数据，并将其存储在lat变量中。

代码第③行从数据表data中提取经度（longitude）数据，并将其存储在lon变量中。

代码第④行从数据表data中提取城市的总人口数据，并将其存储在population变量中。

代码第⑤行创建一个地理坐标图，特定于加利福尼亚州，存储在ax变量中。

代码第⑥行设置地图的背景颜色为浅灰色（RGB值[0.9 0.9 0.9]）。

代码第⑦行使用geoshow函数添加地图底图，以显示加利福尼亚州的陆地区域，并将底图颜色设置为浅灰色（RGB值[0.8 0.8 0.8]）。

代码第⑧行使用geodensityplot函数创建地理密度图，以表示不同城市的人口密度，并使用颜色进行插值显示。

运行示例代码，绘制出加利福尼亚州城市人口地理密度图。

12.3 地理线图

地理线图通常用于可视化连接地理位置的线条或路径。在 MATLAB 中，可以使用不同的地理绘图函数来创建地理线图，如 geoplot、geoshow 和 plotm。这些函数可用于绘制经度（Longitude）和

纬度（Latitude）坐标的线条或路径。

以下是一个示例，展示如何使用 geoplot 函数创建一个简单的地理线图，连接几个城市之间的位置。

```
% 创建地理坐标数据
lat = [34.0522, 40.7128, 41.8781, 37.7749];              ①
lon = [-118.2437, -74.0060, -87.6298, -122.4194];        ②

% 创建地理线图
figure;
ax = usamap('conus');  % 创建美国本土地理坐标图
setm(ax, 'FaceColor', [0.9 0.9 0.9]);  % 设置地图背景颜色

% 使用 geoshow 函数添加底图（例如，美国陆地）
geoshow('landareas.shp', 'DisplayType', 'polygon', 'FaceColor', [0.8 0.8 0.8]);  % 添加地理底图

% 关闭 hold 状态
hold off;

% 使用 geoplot 函数创建地理线图并减小线条不透明度
geoplot(lat, lon, 'b', 'LineWidth', 2, 'Color', [0 0 1 0.5]);  % 'b' 表示蓝色, 'LineWidth' 设置线宽                                    ③
% 设置图标题
title(' 美国城市之间的地理线图 ');
```

这段代码演示了如何创建一个地理线图，其中包括地图的底图、地理线的绘制及图的标题设置。主要代码解释如下。

代码第①行创建了一个包含四个城市的纬度数据的数组。每个值代表一个城市的纬度坐标。

代码第②行创建了一个包含四个城市的经度数据的数组。每个值代表一个城市的经度坐标。

代码第③行使用 geoplot 函数创建了地理线图。在此行中，'b' 表示线的颜色为蓝色，'LineWidth' 设置线宽为2，'Color' 参数中的 [0 0 1 0.5] 表示线的颜色为蓝色（RGB颜色代码），同时不透明度为0.5，使线条变得半透明。

运行示例代码，绘制国城市之间的地理线图。

12.4 地理气泡图

地理气泡图（Geographic Bubble Map）是一种数据可视化图表，通常用于显示地理位置相关的数

据。这种图表将地理位置数据以气泡（或圆点）的形式标记在地图上，每个气泡的大小、颜色或透明度通常代表与该地理位置相关联的数据属性。地理气泡图是一种有力的工具，可帮助我们更清晰地了解数据在地理空间上的分布和趋势。

12.4.1 绘制地理气泡图

要在 MATLAB 中绘制地理气泡图，可以使用 Mapping Toolbox 提供的 geobubble 函数。geobubble 函数的示例代码如下。

```
% 创建数据
cities = categorical(["New York", "Los Angeles", "Chicago", "Houston",
"Phoenix"]);                                                          ①
lat = [40.712, 34.052, 41.878, 29.760, 33.448];                       ②
lon = [-74.006, -118.243, -87.629, -95.369, -112.074];                ③
population = [8398748, 3990456, 2705994, 2320268, 1680992];           ④

% 创建地图对象
figure;

% 使用geobubble 函数在地图上创建气泡标记
geobubble(lat, lon, population, cities);                              ⑤

% 设置图标题
title(' 美国城市人口分布地理气泡图 ');

% 添加地图底图
geolimits([25, 50], [-125, -65]); % 设置地图显示范围              ⑥
```

这些代码一起创建了一个气泡地图，用不同大小的气泡标记表示不同城市的人口分布，同时限定了地图的显示范围。

以下是上述代码的解释和说明。

代码第①行创建一个分类数组 cities，其中包含五个城市名称，分别是 "New York"、"Los Angeles"、"Chicago"、"Houston" 和 "Phoenix"。

代码第②行创建一个数值数组 lat，其中包含五个城市的纬度数据，依次对应五个城市的纬度值。

代码第③行创建一个数值数组 lon，其中包含五个城市的经度数据，依次对应五个城市的经度值。

代码第④行创建一个数值数组 population，其中包含五个城市的人口数据，依次对应五个城市的人口数量。

代码第⑤行使用geobubble 函数在地图上创建气泡标记。lat 和lon 分别表示城市的纬度和经度，population 表示气泡标记的大小，cities 表示气泡标记的标签，即城市名称。这行代码创建了一个带有气泡标记的地图，用来显示城市人口数据。

代码第⑥行使用 geolimits 函数来设置地图的显示范围，其中 [25, 50] 表示地图的纬度范围（北纬 25°到 50°），[-125, -65] 表示地图的经度范围（西经 125°到 65°）。这行代码定义了地图的显示范围，确保地图只显示这个范围内的内容。

运行示例代码，绘制出美国城市人口分布地理气泡图。

12.4.2 示例：绘制加利福尼亚州城市人口地理密度气泡图

本示例我们使用 california_cities.csv 文件数据，采用地图气泡图可视化加利福尼亚州城市人口密度。

具体实现代码如下。

```
data = readtable('data/california_cities.csv');                ①

% 提取数据
city = data.city;
latitude = data.latd;
longitude = data.longd;
population = data.population_total;

% 筛选人口数据，仅包含小于或等于 100 的值
filtered_population = population(population <= 100);            ②

% 创建地理气泡图
figure;
geobubble(latitude, longitude, filtered_population);           ③

title(' 加利福尼亚州城市人口密度地理气泡图 ');
```

这些代码行一起完成了从文件读取数据、提取所需信息、筛选数据并创建地理气泡图的操作。

主要代码解释如下。

代码第①行通过 readtable 函数从名为 'california_cities.csv' 的 CSV 文件中读取数据并将其存储在名为 data 的数据表中。

代码第②行筛选出人口小于或等于 100 的城市，并将这些筛选后的值存储在 filtered_population 变量中。

代码第③行使用 geobubble 函数在地理坐标上绘制气泡图。geobubble 函数的参数是纬度 (latitude)、经度 (longitude) 和气泡大小 (filtered_population)。

运行示例代码，绘制加利福尼亚州城市人口密度地理气泡图。

12.5 等高线图

等高线图（Contour Plot）是一种用于可视化二维数据的图表类型，它通过等高线线条表示数据的等值线。通常，等高线图用于显示地形、地势、气象数据、温度分布、电磁场等数据，以便用户观察不同区域之间的变化和关系。

12.5.1 绘制等高线图

在 MATLAB 中，可以使用 contour 函数来创建等高线图。以下是一个示例，演示如何在 MATLAB 中绘制等高线图。

```
%% 生成坐标矩阵
[X,Y] = meshgrid(-3:0.1:3);                    ①
%% 计算矩阵 Z 数据
% Z = sinc(sqrt(X.^2 + Y.^2));                 ②
Z = X.*exp(-X.^2 - Y.^2);                      ③

%% 绘制等高线图
contour(X,Y,Z,20)                              ④

%% 添加标题坐标轴标签
title('等高线图示例')
xlabel('x')
ylabel('y')
```

上述代码解释如下。

代码第①行使用 meshgrid 函数生成一个二维坐标网格 (X, Y)。X 和 Y 矩阵中包含从 –3 到 3 的 X 和 Y 坐标值，步长为 0.1。这个坐标网格将用于计算函数 Z 的值及后续的等高线图绘制。

代码第②~③行计算与输入坐标 (X, Y) 有关的矩阵 Z 的数值。在这个示例中，有如下两种不同的 Z 计算方式的注释。

- 第一个计算方式是使用 sinc 函数，该函数表示 sinc 函数对于 (X, Y) 坐标的计算。
- 第二个计算方式是 Z = X .* exp(-X.^2 - Y.^2);，这表示 Z 是 X 和 Y 的一种指数函数关系。

我们可以根据需要选择其中一个计算方式，或者尝试其他的计算方式，以根据具体问题来生成 Z 数据。

代码第④行使用 contour 函数创建 Z 数据的等高线图。contour 函数的参数包括 X、Y 和 Z，以及指定等高线级别的数字 20。这将生成包含 20 条等高线的等高线图。

运行上述代码，生成如图 12-2 所示的等高线图。

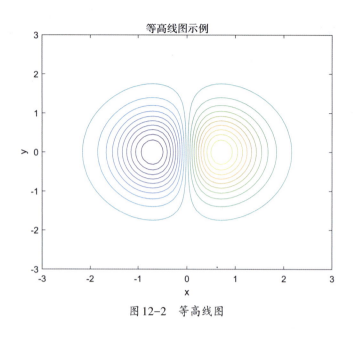

图 12-2 等高线图

12.5.2 示例：绘制伊甸火山地形图的等高线图

我们可以使用 volcano 数据集来创建等高线图，其中等值线将表示相同的高度。以下是一个示例，演示如何使用 volcano 数据集创建伊甸火山地形图的等高线图。

```matlab
% 读取 CSV 文件并创建表格
data = readtable('data/volcano.csv');                    ①

% 从表格中提取数值数据并转化为双精度矩阵
volcano = table2array(data);                             ②

% 使用 'parula' 颜色映射
colormap(parula);

% 创建等值线图
contourLevels = 20;                                      ③
contour(volcano, contourLevels , 'ShowText', 'on');      ④

% 添加坐标轴标签
xlabel('X 坐标 ');
ylabel('Y 坐标 ');

% 添加颜色条
colorbar;
```

% 添加标题
title('伊甸火山地形图');

这些代码行一起执行,从CSV文件中读取数据,将数据转化为双精度矩阵,创建等值线图并添加标签和标题,最终生成名为伊甸火山地形图的等高线图的图形。

主要代码解释如下。

代码第①行从CSV文件中读取数据并创建一个表格对象。data = readtable('data/volcano.csv'); 这一行代码将CSV文件中的数据读取到名为data的表格对象中。

代码第②行从表格对象中提取数值数据并将其转换为双精度矩阵。volcano = table2array(data); 这一行代码将从data表格中提取的数据保存在名为volcano的双精度矩阵中。

代码第③行设置等值线的数量,这将决定在等值线图中绘制的等值线的数量。contourLevels = 20; 这一行代码将contourLevels设置为20,意味着将在图中绘制20个等值线。

代码第④行创建等值线图。contour(volcano, contourLevels, 'ShowText', 'on'); 这一行代码使用volcano数据和指定的等值线数量来创建等值线图,并设置了在等值线上显示文字标签。运行以上代码,将生成一个显示伊甸火山地形的等高线图,如图12-3所示,其中颜色表示高度不同的区域,等值线轮廓显示了海拔高度的变化。

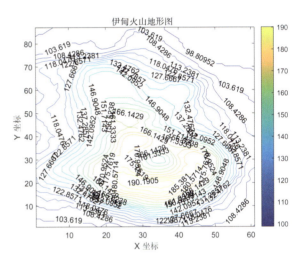

图12-3 伊甸火山地形图的等高线图

12.6 本章总结

本章介绍了多种地理信息可视化的图形类型,包括地理散点图、地理密度图、地理线图、地理气泡图和等高线图。这些类型的图形有助于呈现和分析地理数据的不同方面,如数据点分布、密度、路径、大小和地形。

第13章 数据学术报告、论文和出版

在前面的章节中,我们已经深入探讨了MATLAB在科技绘图中的应用,现在,我们将进一步探讨如何充分利用MATLAB工具来完成数据学术报告、论文和出版物的创建与编辑。

数据是现代研究和学术写作的核心,而如何呈现、解释和传达这些数据对于研究的成功至关重要。MATLAB不仅是一种强大的数学和编程工具,还是一个出色的数据可视化和分析工具,可以帮助用户将数据转化为深入的解析和清晰的表达。

在本章中,我们将探讨如何结合MATLAB的绘图能力、数据分析和文本处理工具,以创建内容丰富且高度可视的学术报告和论文。我们将研究如何以专业的方式展示我们的数据,以便其他人能够轻松理解我们的研究成果。

此外,我们还将深入讨论如何使用MATLAB的模板和样式设置,以确保我们的学术文档符合学术出版的标准格式。最后,我们还将研究如何借助MATLAB和其他可能的AI辅助工具,自动化报告和论文的生成,以提高效率和减少重复工作的时间。

13.1 实时编辑脚本与学术报告

在之前的章节中,我们已经学习了如何使用MATLAB创建和运行标准的脚本,这些脚本对于数据处理和分析非常有用。但现在,我们将迈入一个更高级的领域,探讨MATLAB的实时编辑脚本(Live Script)。它是一个强大的工具,可以在学术报告和论文中为我们的数据和分析结果赋予生命。

以往,我们可能需要在文档中交替地插入代码块和图表,通过这种方式来展示数据和解释分析结果。然而,MATLAB的实时编辑脚本以更具交互性的方式改变了这一切,使我们能够在同一个文档中轻松地结合代码、图表和解释性文本,创建丰富而令人印象深刻的学术报告。

13.1.1 实时编辑脚本介绍

MATLAB的实时编辑脚本是一种强大的工具,它可以改变我们进行学术写作和数据报告的方式。它不仅允许我们在同一个文档中组合MATLAB代码、图表和解释性文本,还提供了丰富的交互性功能,使得报告更具吸引力和可读性。

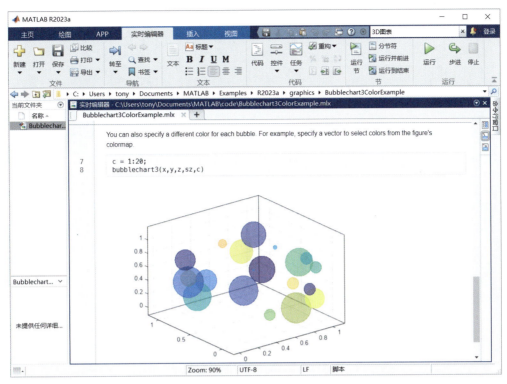

图 13-1　Bubblechart3ColorExample.mlx 实时编辑

图 13-1 所示的是 MATLAB 官方提供的 Bubblechart3ColorExample.mlx 实时编辑文件，从图中可见在文件中可以嵌入图片、代码和解释性文本。

实时编辑脚本的特点包括以下几个方面。

（1）代码块：我们可以在实时编辑脚本中插入 MATLAB 代码块，以执行数据分析、模型建立、图表生成等操作。这些代码块可以随时运行，显示结果，并将结果嵌入文档中。

（2）文本块：除了代码块，还可以添加解释性文本块，用于解释代码的目的、数据分析结果和方法。这有助于其他人更好地理解我们的研究。

（3）图表和图像：实时编辑脚本支持直接插入 MATLAB 绘制的图表和图像。这些图表可以实现高质量、可定制，并与文本紧密结合。

（4）交互性元素：实时编辑脚本允许用户创建交互式图表和小部件，以便读者能够与数据进行互动。这在解释复杂的数据或模型时非常有用。

（5）引用和参考文献：用户可以在文档中引用外部文献和参考文献，以支持学术写作。

（6）导出和分享：完成后，可以将实时编辑脚本导出为多种格式，如 PDF，以便分享或出版。

13.1.2　创建实时脚本

在 MATLAB 桌面的主页的工具栏中单击 按钮，新建如图 13-2 所示的实时脚本文件，可见实时脚本文件的后缀名是".mlx"。在此我们就可以准备编写实施脚本文件了。

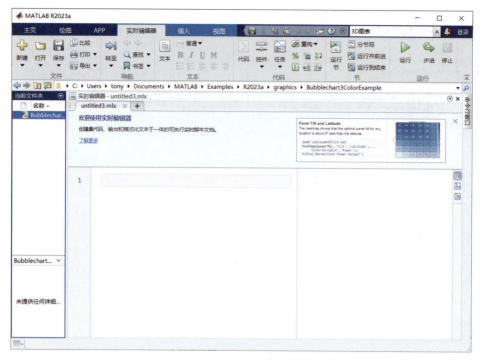

图 13-2 新建实时脚本文件

13.1.3 编写代码块

实时编辑脚本文件的一个核心元素是 MATLAB 代码块。这些代码块允许我们在文档中插入 MATLAB 代码，以执行数据分析、绘图和其他计算任务。在本小节中，我们将详细介绍如何编写 MATLAB 代码块，以及它们的基本结构和语法。

❶ MATLAB 代码块的基本结构

MATLAB 代码块通常具有以下基本结构。

```
%% 这是一个代码块的标题
% 这是对代码块的简短描述
% 下面是实际的 MATLAB 代码
code statements...
```

- %%：双百分号后的文本表示代码块的标题。这是可选的，它可以帮助我们组织和标记代码块。
- %：单百分号后的文本表示注释，用于描述代码块的内容或目的。
- code statements...：这部分包含实际的 MATLAB 代码，用于执行特定任务，如数据分析、图形生成等。

❷ 插入代码块

要插入一个新的代码块，可以参考如图 13-3 所示的步骤。

图 13-3　插入代码块

我们可以在代码块中编辑 MATLAB 命令、调用函数和变量定义。以下是一些 MATLAB 代码块的示例。

```
%% 示例代码块
% 这个代码块计算两个数字的和
a = 5;
b = 7;
sum = a + b;
sum
```

❸ **运行代码块**

实时脚本文件是可以交互的，我们可以在此执行代码块。要运行代码块，可以参考如图 13-4 所示的步骤。

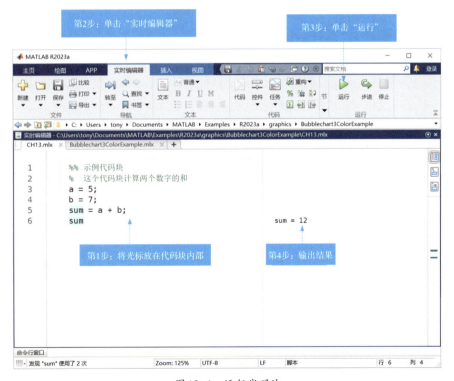

图 13-4　运行代码块

13.1.4 插入其他元素

在实时脚本中，除了可以插入代码块，还可以插入各种其他类型的内容，以创建丰富和交互性的文档。以下是一些可以在实时脚本中插入的其他内容类型。

（1）文本块：我们可以插入文本块，用于添加解释性文本、段落、注释和说明。这有助于更好地解释代码块的目的和数据分析的结果。

（2）图表和图像：我们可以在实时脚本中插入MATLAB生成的图表和图像，以可视化数据、结果和模型。这些图表可以在文档中嵌入，使其更具可读性。

（3）交互式图表：实时脚本支持插入交互式图表，使读者能够与图表进行互动，例如调整参数、放大或缩小图表，以便更深入地探索数据。

（4）公式和数学表达式：我们可以使用LaTeX或MATLAB的数学符号和公式来插入数学表达式，以展示数学推导、模型方程或其他数学概念。

（5）代码注释：实时脚本支持代码注释，使我们能够添加注释、备注和解释以增强代码的可读性。这对于共享代码和协作编程非常有用。

（6）引用和参考文献：我们可以在文档中引用外部文献和参考文献，以支持学术写作和研究报告。

插入其他元素的过程可以参考插入代码块，这里不再赘述。

13.1.5 输出报告

MATLAB允许我们创建定制化的报告，将实时脚本中的内容输出为格式化的文档。这些报告可以包括代码、图表、解释性文本和分析结果，以便在学术、科学研究或业务环境中分享和出版。

报告输出的步骤如下。

（1）整理文档：首先，确保我们的实时脚本文档包括所有必要的内容，如MATLAB代码块、文本块、图表和结果。文档应该清晰、有条理，并包含所需的解释性文本。

（2）导出为其他格式：MATLAB支持将实时脚本导出为不同格式的文档，包括但不限于以下格式。

- PDF：导出为PDF文件以便打印或共享。
- HTML：导出为HTML文件，以创建交互式在线报告。
- Word：导出为Word文档以进行进一步编辑和排版。

（3）设置输出选项：在导出时，MATLAB通常提供多个选项，允许我们自定义输出文档的样式、字体、颜色和布局。这有助于确保报告的外观符合用户的需求。

（4）生成报告：执行导出操作以生成报告。MATLAB会将实时脚本中的内容转换为所选格式的文档，并保存在指定的位置。

下面我们以MATLAB官方提供的Bubblechart3ColorExample.mlx为例，介绍一下如何输出报告。

首先，打开Bubblechart3ColorExample.mlx文件，然后按照图13-5所示的操作选择导出文件的格式。

第 13 章
数据学术报告、论文和出版

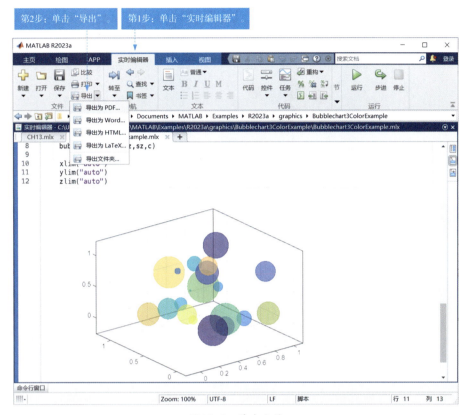

图 13-5　导出文件

读者可以根据自己的需要选择导出文件的格式，输出 PDF 文件如图 13-6 所示，输出 Word 文件如图 13-7 所示。

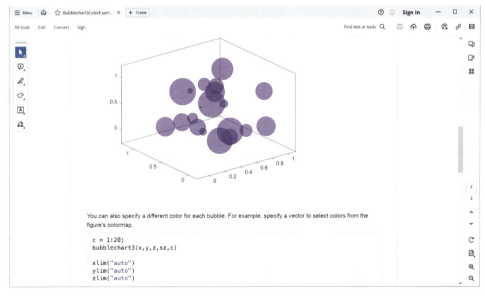

图 13-6　输出 PDF 文件

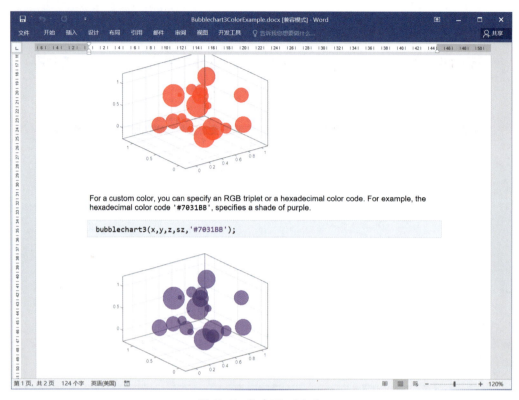

图 13-7　输出 Word 文件

13.2 使用 ChatGPT 工具辅助制作报告

在这一部分，我们可以探讨如何使用人工智能工具（如 ChatGPT）来辅助报告的制作和优化。这包括与 ChatGPT 对话，制作思维导图、表格，以及自动化 Excel 和 PPT 演示文稿。

本小节我们重点介绍使用 ChatGPT 辅助制作思维导图及电子表格。

13.2.1 思维导图在数据学术报告中的作用

思维导图是一种用于组织和表示概念及其关系的图表工具。它由一个中心主题发散出相关的分支主题，层层递进，直观地呈现思路和逻辑关系。

在数据学术报告中，使用思维导图有以下作用。

（1）梳理报告逻辑结构。思维导图可以直观地展示报告的主要章节和内容，梳理报告的逻辑顺序，为报告内容建立层级关系。

（2）明确重点内容。通过思维导图上的主题-子主题层级，可以明确报告要表达的核心观点和重点内容。

（3）构建报告框架。思维导图构建出的结构可以直接转换为报告的框架，如各章节标题等。

（4）统整研究素材。将读到的文献、数据结果等素材以节点的形式添加到思维导图，统整归纳研究内容。

（5）识别逻辑漏洞。检查思维导图的连续性，识别报告逻辑的不完整之处。

（6）团队协作。在团队报告写作中，使用思维导图进行头脑风暴和构建报告框架。

（7）清晰展示。在报告演示时，使用思维导图更清晰地展示报告的主要内容和结构。

总之，思维导图是一个很好的制作报告工具，使用恰当可以大大提高报告写作质量。

13.2.2 绘制思维导图

思维导图可以手绘或使用电子工具创建。当使用电子工具创建时，常使用专业的软件或在线工具，例如MindManager、XMind、Google Drawings、Lucidchart等，这些工具提供了丰富的绘图功能和模板库，可以帮助用户快速创建各种类型的思维导图。

图13-8所示的是使用XMind绘制的思维导图。

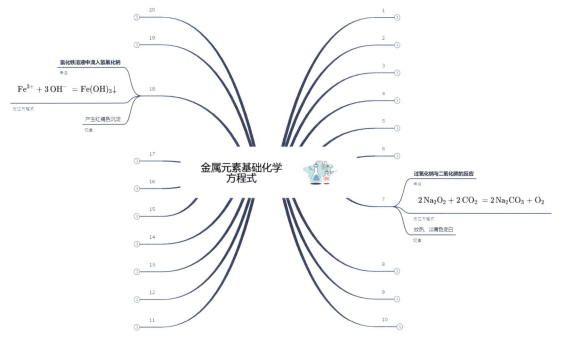

图13-8 使用XMind绘制的思维导图

13.2.3 使用ChatGPT绘制思维导图

ChatGPT是一种自然语言处理模型，它并不具备直接绘制思维导图的能力，但是可以通过如下方法实现。

方法1：首先，使用ChatGPT生成Markdown代码，描述思维导图。接下来，使用思维导图工具，导入这个以Markdown格式保存的文件。

方法2：使用ChatGPT通过文本的绘图语言PlantUML或Mermaid绘制思维导图，图13-9所示的是一个使用PlantUML工具绘制的简单思维导图。

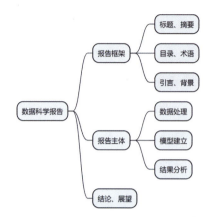

图13-9　使用PlantUML绘制的思维导图

13.2.4 示例：使用Markdown绘制"基于机器学习的信用评分模型研究"思维导图

下面通过一个示例，给大家介绍一下如何借助ChatGPT使用Markdown绘制思维导图。

示例背景

标题：基于机器学习的信用评分模型研究

摘要：本研究构建了多个机器学习模型来预测个人信用评分，使用German Credit数据集，经过数据预处理，建立了逻辑回归、随机森林和神经网络模型，并进行了模型评估和比较，结果显示集成学习模型效果最优。

关键词：信用评分；机器学习；逻辑回归；随机森林；神经网络

1. 引言
- 研究背景和意义
- 相关工作综述
- 本文研究内容和贡献

2. 数据与方法
- German Credit数据集介绍
- 数据预处理流程
- 模型选择和评估指标

3. 模型建立与比较
- 逻辑回归模型
- 随机森林模型
- 神经网络模型
- 模型评估指标比较

4. 结果分析
- 不同模型效果可视化
- 特征重要性分析
- 案例预测和错误分析

5. 结论与展望
- 研究工作总结
- 局限性和未来工作

以上构成了一个典型的数据分析学术报告的框架,大家可以根据实际情况进行调整和修改。

> **我们向ChatGPT发送如下提问。**
>
> 有如下论文背景,返回Markdown代码文档,注意主题层次关系。
>
> 标题:基于机器学习的信用评分模型研究
>
> 摘要:本研究构建了多个机器学习模型来预测个人信用评分,使用German Credit数据集,经过数据预处理,建立了Logistic回归、随机森林和神经网络模型,并进行了模型评估和比较,结果显示集成学习模型效果最优。
>
> 关键词:信用评分;机器学习;逻辑回归;随机森林;神经网络
>
> 1. 引言
> - 研究背景和意义
> - 相关工作综述
> - 本文研究内容和贡献
>
> 2. 数据与方法
> - German Credit数据集介绍
> - 数据预处理流程
> - 模型选择和评估指标
>
> 3. 模型建立与比较
> - 逻辑回归模型
> - 随机森林模型
> - 神经网络模型
> - 模型评估指标比较
>
> 4. 结果分析
> - 不同模型效果可视化
> - 特征重要性分析
> - 案例预测和错误分析
>
> 5. 结论与展望
> - 研究工作总结

● 局限性和未来工作

 ChatGPT 回答如下。

以下是你提供的论文背景信息的 Markdown 代码文档，注意了主题层次关系。
基于机器学习的信用评分模型研究

摘要
本研究构建了多个机器学习模型来预测个人信用评分，使用 German Credit 数据集，经过数据预处理，建立了 Logistic 回归、随机森林和神经网络模型，并进行了模型评估和比较，结果显示集成学习模型效果最优。

关键词
信用评分；机器学习；逻辑回归；随机森林；神经网络

1. 引言

1.1 研究背景和意义
1.2 相关工作综述
1.3 本文研究内容和贡献

2. 数据与方法

2.1 German Credit 数据集介绍
2.2 数据预处理流程
2.3 模型选择和评估指标

3. 模型建立与比较

3.1 逻辑回归模型
3.2 随机森林模型
3.3 神经网络模型
3.4 模型评估指标比较

4. 结果分析

4.1 不同模型效果可视化
4.2 特征重要性分析
4.3 案例预测和错误分析

5. 结论与展望

5.1 研究工作总结
5.2 局限性和未来工作

将上述Markdown代码复制粘贴到文本编辑工具中，并保存为基于机器学习的信用评分模型研究.md文件。

由于XMind工具提供了从Markdown文件导入的功能，可以使用XMind工具导入这个刚刚生成的Markdown文件。

导入过程是打开XMind工具：通过菜单"文件"→"导入于"→Markdown，弹出"导入文件"对话框，选择要导入的XMind文件，如果导入成功则如图13-10所示。

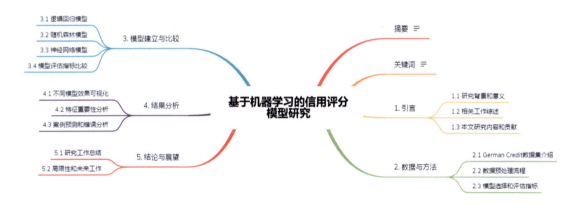

图13-10 导入Markdown文件的思维导图

13.2.5 示例：使用PlantUML绘制"基于机器学习的信用评分模型研究"思维导图

下面通过一个示例，给大家介绍一下如何使用PlantUML绘制思维导图，该示例背景还是13.2.4小节"基于机器学习的信用评分模型研究"的背景。

> 我们向ChatGPT发送如下请求消息。
>
> 有如下论文背景，帮我使用PlantUML绘制思维导图，注意主题层次关系。
> 标题：基于机器学习的信用评分模型研究
> 摘要：本研究构建了多个机器学习模型来预测个人信用评分，使用German Credit数据集，

经过数据预处理，建立了 Logistic 回归、随机森林和神经网络模型，并进行了模型评估和比较，结果显示集成学习模型效果最优。

关键词：信用评分；机器学习；逻辑回归；随机森林；神经网络

1. 引言
- 研究背景和意义
- 相关工作综述
- 本文研究内容和贡献

2. 数据与方法
- German Credit 数据集介绍
- 数据预处理流程
- 模型选择和评估指标

3. 模型建立与比较
- 逻辑回归模型
- 随机森林模型
- 神经网络模型
- 模型评估指标比较

4. 结果分析
- 不同模型效果可视化
- 特征重要性分析
- 案例预测和错误分析

5. 结论与展望
- 研究工作总结
- 局限性和未来工作

⑥ ChatGPT 回答如下。

好的，根据你提供的论文背景，我使用 PlantUML 绘制了对应的思维导图。

plantuml

@startmindmap

* 基于机器学习的信用评分模型研究

** 引言

*** 研究背景和意义

*** 相关工作综述

*** 本文研究内容和贡献

** 数据与方法

*** German Credit 数据集

*** 数据预处理

*** 模型选择与评估

** 模型建立与比较

*** 逻辑回归

*** 随机森林

*** 神经网络

*** 模型评估比较

** 结果分析

*** 模型效果可视化

*** 特征重要性

*** 案例预测与错误分析

** 结论与展望

*** 研究工作总结

*** 局限性与未来工作

@endmindmap

将上述代码复制粘贴到PlantUML渲染工具，图13-11所示的是一个在线渲染工具。

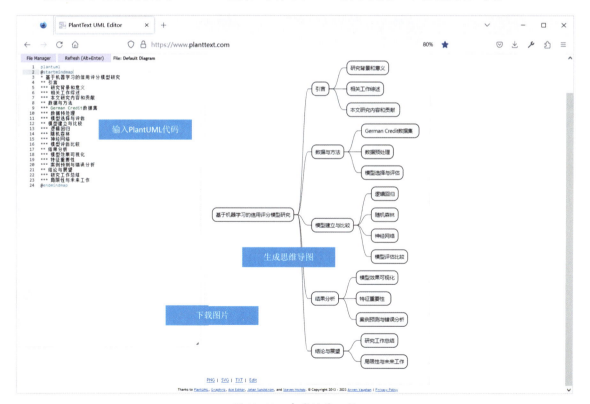

图13-11 在线渲染工具

渲染完成后可以下载图片，最后得到的结果如图 13-12 所示。

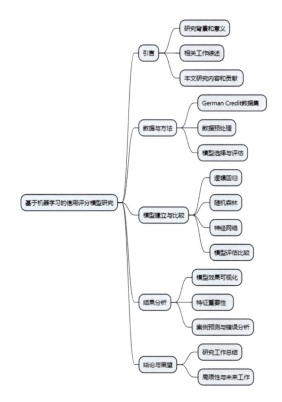

图 13-12　渲染完成后的思维导图

13.2.6　使用 ChatGPT 制作电子表格

在学术报告中使用表格可以更好地展示结构化的数据信息，常见的几种表格用法如下。

（1）数据集基本信息表：显示所使用数据集的名称、来源、样本量、特征个数等基本信息。

（2）数据预处理表：记录在数据准备阶段进行的缺失值处理、异常值处理、特征工程等预处理步骤。

（3）模型评估指标表：按模型展示各项评估指标的值，如精确率、召回率、F1 分数等。

（4）模型训练参数表：记录不同模型的训练参数设定，如迭代次数、学习率、隐层结点数等。

（5）特征重要性表：展示不同特征在模型中的重要性排名。

（6）预测结果示例表：给出模型预测的几个具体样本，对比真实标签和预测标签。

（7）术语定义表：解析报告中使用的主要术语和概念。

（8）参考文献表：以序号排列出报告引用的所有参考文献。需要根据报告的具体内容，选择适当的表格类型进行展示，并关注表格的清晰、美观。表格需要配有题注进行解释。

使用 ChatGPT 可以制作如下两种用文本表示的电子表格：

（1）Markdown 代码表示的电子表格；

（2）CSV表示的电子表格。

下面我们通过示例介绍如何使用ChatGPT制作这两种电子表格。

13.2.7 示例：制作模型评估指标比较Markdown表格

下面通过一个示例，介绍一下如何使用ChatGPT辅助制作Markdown表格。

示例背景

在研究中，我们评估了不同机器学习模型在特定任务上的性能。该任务涉及对某一问题的解决，这些模型在解决问题时可能表现出不同的性能。

我们列出了不同机器学习模型的性能指标，包括准确率、精确率、召回率和F1值。这些指标是用于评估每个模型在某个任务上的性能的关键度量标准。

逻辑回归模型具有0.789的准确率，0.824的精确率，0.811的召回率和0.817的F1值。

决策树模型的性能稍低，准确率为0.701，精确率为0.726，召回率为0.688，F1值为0.707。

随机森林模型表现出色，准确率为0.805，精确率为0.819，召回率为0.798，F1值为0.808。

SVM模型在准确率方面表现稳定，为0.798，但精确率和召回率略低，分别为0.763和0.762，F1值为0.763。

神经网络模型具有0.812的准确率，0.801的精确率，0.824的召回率和0.812的F1值。

这些性能指标可以帮助我们比较不同模型在任务中的效果，根据具体需求选择最适合的模型。

> 田 我们向ChatGPT发送如下请求消息。
>
> 根据如下内容帮我制作"模型评估指标比较"Markdown表格。
>
> 在研究中，我们评估了不同机器学习模型在特定任务上的性能。该任务涉及对某一问题的解决，这些模型在解决问题时可能表现出不同的性能。
>
> 我们列出了不同机器学习模型的性能指标，包括准确率、精确率、召回率和F1值。这些指标是用于评估每个模型在某个任务上的性能的关键度量标准。
>
> 逻辑回归模型具有0.789的准确率，0.824的精确率，0.811的召回率和0.817的F1值。
>
> 决策树模型的性能稍低，准确率为0.701，精确率为0.726，召回率为0.688，F1值为0.707。
>
> 随机森林模型表现出色，准确率为0.805，精确率为0.819，召回率为0.798，F1值为0.808。
>
> SVM模型在准确率方面表现稳定，为0.798，但精确率和召回率略低，分别为0.763和0.762，F1值为0.763。
>
> 神经网络模型具有0.812的准确率，0.801的精确率，0.824的召回率和0.812的F1值。
>
> 这些性能指标可以帮助我们比较不同模型在任务中的效果，根据具体需求选择最适合的模型。

ChatGPT回答如下。

好的，根据你提供的内容，我生成了下面的"模型评估指标比较"Markdown表格。

|模型|准确率|精确率|召回率|F1值|

```
|-|-|-|-|-|
|逻辑回归|0.789|0.824|0.811|0.817|
|决策树|0.701|0.726|0.688|0.707|
|随机森林|0.805|0.819|0.798|0.808|
|SVM|0.798|0.763|0.762|0.763|
|神经网络|0.812|0.801|0.824|0.812|
```

将上述代码复制粘贴并保存为模型评估指标比较.md文件,然后使用Markdown工具预览,如图13-13所示。

模型	准确率	精确率	召回率	F1值
逻辑回归	0.789	0.824	0.811	0.817
决策树	0.701	0.726	0.688	0.707
随机森林	0.805	0.819	0.798	0.808
SVM	0.798	0.763	0.762	0.763
神经网络	0.812	0.801	0.824	0.812

图13-13　Markdown预览效果

13.2.8　示例:制作模型评估指标比较CSV表格

13.2.7小节介绍返回的是Markdown格式的表格数据,此外,还可以让ChatGPT返回CSV格式的电子表格。

> **提示** ⚠ CSV,全称是Comma-Separated Values,即逗号分隔型取值格式。CSV文件可以被许多应用程序读取和编辑,例如Microsoft Excel、Google Sheets等。每行表示一行记录,每个字段之间用逗号分隔。通常第一行包含表头,其余的行包含数据。

那么利用ChatGPT制作模型评估指标比较CSV表格,实现过程如下。

> 🖳 我们向ChatGPT发送如下请求消息。
>
> 根据如下内容帮我制作模型评估指标比较CSV表格。
>
> 在研究中,我们评估了不同机器学习模型在特定任务上的性能。该任务涉及对某一问题的解决,这些模型在解决问题时可能表现出不同的性能。
>
> 我们列出了不同机器学习模型的性能指标,包括准确率、精确率、召回率和F1值。这些指标是用于评估每个模型在某个任务上的性能的关键度量标准。
>
> 逻辑回归模型具有0.789的准确率,0.824的精确率,0.811的召回率和0.817的F1值。
>
> 决策树模型的性能稍低,准确率为0.701,精确率为0.726,召回率为0.688,F1值为0.707。
>
> 随机森林模型表现出色,准确率为0.805,精确率为0.819,召回率为0.798,F1值为0.808。
>
> SVM模型在准确率方面表现稳定,为0.798,但精确率和召回率略低,分别为0.763和0.762,

F1值为0.763。

神经网络模型具有0.812的准确率，0.801的精确率，0.824的召回率和0.812的F1值。

这些性能指标可以帮助我们比较不同模型在任务中的效果，根据具体需求选择最适合的模型。

ChatGPT回答如下。

好的，根据你提供的内容，我生成了下面的模型评估指标比较CSV表格。

模型,准确率,精确率,召回率,F1值

逻辑回归,0.789,0.824,0.811,0.817

决策树,0.701,0.726,0.688,0.707

随机森林,0.805,0.819,0.798,0.808

SVM,0.798,0.763,0.762,0.763

神经网络,0.812,0.801,0.824,0.812

CSV文件是文本文件，因此可以使用任何文本编辑工具编辑，图13-14所示的是使用记事本工具编辑CSV文件。

然后将文件保存为"模型评估指标比较.csv"文件，如图13-15所示，注意编码要选择为ANSI。

保存好CSV文件之后，我们可以使用Excel和WPS等Office工具打开，图13-16所示的是使用Excel打开CSV文件。

图13-14　在记事本中编写CSV代码

图13-15　保存CSV文件

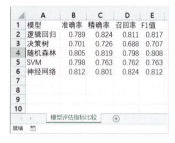

图13-16　使用Excel打开CSV文件

13.3 本章总结

本章着重介绍了编写学术报告、论文和出版物的技巧和工具。主要内容包括实时编辑脚本和使用ChatGPT工具，如制作思维导图和电子表格。这些方法有助于有效传达研究成果。

附录1 MATLAB常用函数和工具箱的快速参考指南

在MATLAB中,掌握关键函数和工具箱是成为高效MATLAB用户的关键。不论是初学者还是经验丰富的用户,可能都需要一本方便查阅的参考指南,帮助快速查找并应用MATLAB的常见功能。本附录旨在提供这样的指南,引导读者了解MATLAB的一些常用函数和核心工具箱,从而更快地进行数学计算、数据分析和可视化,解决各种工程和科学问题。

工程师、科学家、学生和研究人员可以将MATLAB视为强大工具,用于处理多种任务,如从数据分析和图像处理到控制系统设计和深度学习。因此,有效使用MATLAB的各种功能至关重要。

附录中提供的内容是一个快速参考,包括MATLAB的基本数学函数、矩阵和向量操作、数据分析工具、绘图功能,以及核心工具箱的简要介绍。需要注意,MATLAB有众多函数和工具箱,本指南聚焦在其中的一些核心方面,旨在为读者提供一个起点,以便深入学习和应用。

附录1.1 MATLAB常用函数

以下是MATLAB中一些常用的函数,这些函数用于各种数学、数据分析、绘图、文件操作、控制流程和字符串操作等任务。这只是一部分列表,MATLAB具有众多内置函数和工具箱,用于执行各种任务。

❶ 基本数学函数

- sqrt(x):计算x的平方根。示例如下。

```
result = sqrt(16);    % 结果为4
```

- exp(x):计算e的x次方。示例如下。

```
result = exp(2);    % 结果为e^2
```

- log(x):计算x的自然对数。示例如下。

```
result = log(10);    % 结果为ln(10)
```

- sin(x)、cos(x)、tan(x):计算三角函数。示例如下。

```
sine = sin(pi/2);      % 结果为1
cosine = cos(pi);      % 结果为-1
```

```
tangent = tan(0);    % 结果为 0
```

❷ **矩阵和向量操作函数**
- zeros(m, n)：创建一个大小为 m×n 的全零矩阵。示例如下。

```
zero_matrix = zeros(2, 3);
```

- ones(m, n)：创建一个大小为 m×n 的全一矩阵。示例如下。

```
ones_matrix = ones(3, 2);
```

- eye(n)：创建一个大小为 n×n 的单位矩阵。示例如下。

```
identity_matrix = eye(4);
```

- size(A)：获取矩阵 A 的尺寸。示例如下。

```
matrix = [1, 2; 3, 4; 5, 6];
dimensions = size(matrix);   % 结果为 3×2
```

- transpose(A) 或 A'：计算矩阵 A 的转置。示例如下。

```
original_matrix = [1, 2, 3; 4, 5, 6];
transposed_matrix = transpose(original_matrix);
```

❸ **数据分析函数**
- mean(x)：计算向量 x 的平均值。示例如下。

```
data = [2, 4, 6, 8];
average = mean(data);    % 结果为 5
```

- median(x)：计算向量 x 的中位数。
- std(x)：计算向量 x 的标准差。
- var(x)：计算向量 x 的方差。
- correlation(x, y)：计算向量 x 和 y 的相关系数。

❹ **文件操作函数**
- load(filename)：加载 MAT 文件中的数据。MAT 文件是 MATLAB 的数据文件格式，它可以包含变量、矩阵和结构。示例如下。

```
loaded_data = load('data.mat');
```

- save(filename, data)：保存数据到 MAT 文件。可以使用此函数保存 MATLAB 工作区中的变量和数据，以便将它们重新加载。示例如下。

```
my_data = [1, 2, 3, 4, 5];
save('my_data.mat', 'my_data');
```

- fopen(filename, mode)：打开文件，其中 filename 是文件名，mode 指定文件的打开方式（读取、写入等）。示例如下。

```
fileID = fopen('example.txt', 'r');   % 以只读方式打开文件
```

- fclose(fileID)：关闭文件，其中 fileID 是通过 fopen 打开的文件标识符。示例如下。

```
fclose(fileID);   % 关闭先前打开的文件
```

- fprintf(fileID, format, data)：向文件写入格式化数据。这是用于将数据写入文件的强大工具。示例如下。

```
fileID = fopen('output.txt', 'w');
fprintf(fileID, 'Hello, %s!\n', 'MATLAB');
fclose(fileID);
```

❺ **绘图函数**

- plot(x, y)：用于绘制 2D 图形，其中 x 和 y 是数据点的坐标。示例如下。

```
x = 0:0.1:2*pi;
y = sin(x);
plot(x, y);
```

- scatter(x, y)：绘制散点图，用于显示离散数据点的分布。示例如下。

```
x = rand(1, 50);    % 随机生成 50 个 X 坐标
y = rand(1, 50);    % 随机生成 50 个 Y 坐标
scatter(x, y);
```

- hist(data)：绘制直方图，用于可视化数据的分布。示例如下。

```
data = randn(1, 1000);   % 生成 1000 个随机数据点
hist(data, 20);          % 创建 20 个直方柱
```

- imshow(image)：显示图像，用于查看图像文件。示例如下。

```
img = imread('lena.jpg');   % 读取图像文件
imshow(img);
```

- surf(X, Y, Z)：绘制 3D 曲面，用于可视化三维数据。示例如下。

```
[X, Y] = meshgrid(-2:0.2:2, -2:0.2:2);
Z = X.*exp(-X.^2 - Y.^2);
surf(X, Y, Z);
```

❻ **控制流程函数**

- if、else、elseif：条件语句，用于根据条件执行不同的操作。示例如下。

```
x = 5;
```

```
if x > 0
    disp('x 是正数');
elseif x < 0
    disp('x 是负数');
else
    disp('x 是零');
end
```

- for、while：循环语句，允许重复执行代码块。示例如下。

```
for i = 1:5
    disp(['迭代次数: ', num2str(i)]);
end
```

❼ 字符串操作函数

- strcat(s1, s2)：连接两个字符串。示例如下。

```
str1 = 'Hello, ';
str2 = 'MATLAB!';
result = strcat(str1, str2);   % 结果为 'Hello, MATLAB!'
```

- strsplit(str, delimiter)：按分隔符拆分字符串。示例如下。

```
str = 'apple,banana,cherry';
delimiter = ',';
parts = strsplit(str, delimiter);    % 结果为一个单元格数组
```

- strcmp(s1, s2)：比较两个字符串是否相等。示例如下。

```
str1 = 'hello';
str2 = 'world';
are_equal = strcmp(str1, str2);   % 结果为 false
```

附录1.2　MATLAB常用工具箱

除了MATLAB的核心功能外，MATLAB还提供了众多工具箱（Toolbox），这些工具箱扩展了MATLAB的功能，使其适用于各种不同的应用领域。以下是MATLAB一些常用的工具箱及其主要功能。

❶ 信号处理工具箱

用于信号处理和分析，包括滤波、谱分析、时域和频域分析等。

主要函数：fft、ifft、filter、spectrogram。

❷ 图像处理工具箱

用于图像处理、分析和计算机视觉应用，包括图像增强、分割、特征提取和物体检测。

主要函数：imread、imwrite、imfilter、detectObject。

❸ **统计与机器学习工具箱**

提供广泛的统计分析和机器学习工具，包括线性回归、分类、聚类、特征选择等。

主要函数：fitlm、classificationLearner、kmeans、featureSelection。

❹ **金融工具箱**

用于金融建模和分析，包括投资组合优化、风险管理和金融衍生品估值。

主要函数：portfolioOptimization、riskMetrics、derivativesPricing。

❺ **深度学习工具箱**

提供深度学习模型的构建、训练和应用工具，适用于图像分类、目标检测等任务。

主要函数：alexnet、trainNetwork、classify。

❻ **控制系统工具箱**

用于建模、分析和控制动态系统，包括传递函数、状态空间模型和PID控制器设计。

主要函数：tf、ss、pid。

❼ **机器视觉工具箱**

用于计算机视觉任务，如目标检测、图像配准和三维视觉重建。

主要函数：vision.CascadeObjectDetector、pointCloud、stereoParameters。

❽ **通信工具箱**

用于数字通信系统建模和分析，包括调制、解调、信道建模和误码性能分析。

主要函数：comm.QPSKModulator、comm.BPSKDemodulator、awgn。

❾ **地理信息系统工具箱**

用于地理信息系统（GIS）应用，包括地图创建、投影转换和地理数据分析。

主要函数：geoshow、geoplot、shaperead。

这些工具箱扩展了MATLAB的功能，使其适用于广泛的应用领域，包括信号处理、图像处理、统计分析、金融建模、深度学习、控制系统、机器视觉、通信系统和GIS。

附录2 科研论文配图的绘制与配色

科研论文中配图的绘制和配色非常重要，直接影响论文的质量和可读性。这里笔者总结几点科研论文配图绘制和配色的注意事项。

附录2.1 选择合适的图表类型

在选择图表类型时，应该考虑数据的性质和要传达的信息。以下是如何选择不同类型图表的一些建议。

❶ **散点图**

适用情境：用于显示两个数值变量之间的关系，用点表示数据。可用于观察相关性、分布或异常值。

当想要了解两个变量之间的关系时选择散点图，例如探索身高与体重的相关性。

❷ **折线图**

适用情境：用于显示数据随时间或有序变量的趋势。通常通过连接数据点形成线条，适用于展示变化趋势。

选择折线图以可视化数据随时间的变化，如股票价格走势或气温变化。

❸ **面积图**

适用情境：类似于折线图，但下方的区域通常填充，用于强调数据的积累效应。

当希望显示数据的积累变化时选择面积图，如季度销售额的积累。

❹ **柱状图**

适用情境：用于比较不同类别或组之间的数值。每个类别由一个垂直柱表示，适用于显示分类数据和对比数据。

选择柱状图以比较不同产品的销售额或不同城市的人口数量。

❺ **条形图**

适用情境：与柱状图类似，但数据以水平柱表示，适用于比较不同类别或组之间的数值。

当希望以水平方式展示数据时选择条形图，如显示不同部门的支出比较。

❻ **热力图**

适用情境：用于显示两个维度数据的相对强度或相关性。通常通过颜色表示数据强度。

选择热力图以显示数据矩阵的相对强度，如市场股票相关性矩阵。

❼ 针状图

适用情境：用于显示指标的方向和强度，通常通过点的方向和长度表示。

选择针状图以强调数据的方向和相对大小，如显示风向和风速。

❽ 阶梯图

适用情境：用于表示数据的变化，通常在累积数据或离散数据的情况下使用。

选择阶梯图以显示数据的离散变化，如显示累积销售额或离散时间间隔的数据。

❾ 直方图

适用情境：用于了解数据的分布情况，特别是数值数据。数据分为不同区间，每个区间的高度表示频率。

选择直方图以显示数据的分布，如理解考试成绩的分布情况。

❿ 箱线图

适用情境：用于显示数据的汇总统计信息，包括中位数、四分位数和异常值。适用于比较不同组的数据分布。

选择箱线图以了解数据的分布统计信息，如显示不同班级学生成绩的分布。

⓫ 密度图

适用情境：用于显示数据的概率密度分布，通常通过曲线表示。适用于理解数据的分布形状。

选择密度图以展示数据的概率密度分布，如显示收入分布的形状。

⓬ 小提琴图

适用情境：用于结合箱线图和密度图的特点，显示数据的分布形状和汇总统计信息。

选择小提琴图以展示数据的分布形状和离群值情况。

⓭ 饼图

适用情境：用于表示数据的部分占总体的百分比，每个部分的大小角度表示其相对比例。

选择饼图以显示分类数据的占比，如显示不同支出项目的百分比。

⓮ 气泡图

适用情境：用于表示三维数据，其中点的位置表示两个变量，而气泡的大小表示第三个变量的数值。

选择气泡图以同时显示三个变量之间的关系，如显示城市的经纬度、人口和GDP。

⓯ 堆积折线图

适用情境：用于比较不同类别的数据趋势，以及每个类别对总体趋势的贡献。

选择堆积折线图以可视化不同产品销售额随时间的总趋势和各产品对总销售额的贡献。

⓰ 堆积面积图

适用情境：类似于堆积折线图，但更突出各类别的积累效应。每个类别下方的区域被填充，强调各类别的累积。

选择堆积面积图以显示各类别的积累效应，如季度销售额的累积。

⓱ 堆积柱状图

适用情境：用于比较不同类别的数据，以及各类别内部各部分的占比。每个柱表示一个类别，不同颜色表示不同部分。

选择堆积柱状图以显示各类别内部各部分的占比，如不同城市的总人口和各年龄段的占比。

⓲ 平行坐标图

适用情境：用于可视化多维数据，其中每个维度表示为平行的坐标轴线，数据点通过连接坐标轴上的点表示。

选择平行坐标图以展示多维数据的关系，如探索多维数据的模式。

⓳ 散点图矩阵

适用情境：用于比较多个变量之间的关系。它显示多个散点图，每个用于比较不同变量之间的关系。

选择散点图矩阵以同时探索多个变量之间的关系，帮助用户了解多维数据的模式。

⓴ 3D 散点图、3D 线图、3D 曲面图、3D 柱状图、3D 条形图、3D 饼图、3D 气泡图

适用情境：用于表示三维数据或在三维空间中的数据，探索三维数据的关系和分布。

选择3D图表以可视化三维数据，如显示三维散点分布或三维空间中的数据趋势。

㉑ 极坐标图、雷达图、玫瑰图、极坐标柱状图、极坐标散点图、极坐标轨迹图

适用情境：用于显示数据在极坐标系下的分布和关系，通常用于展示周期性数据或多维数据。

选择极坐标图以突出数据的极坐标特性，如显示多维数据的关系或风向和风速。

㉒ 地理散点图、地理密度图、地理线图、地理气泡图、等高线图

适用情境：用于地理数据的可视化，包括地理位置、密度、地图线、气泡及地形等。

选择地理图表以在地理背景下展示数据，如显示城市分布、地理密度或地形等。

这是一些常见的图表类型及其适用情境。选择适当的图表类型取决于数据的性质、研究目的和目标受众。不同的图表类型有不同的优点和用途，应根据具体情况进行选择。

附录2.2 善于把握色彩

在科研论文配图中善于把握色彩是非常重要的，正确地使用色彩可以提高图表的可读性和吸引力。

对于科研论文中的图表和配色，颜色因素的重要性是不言而喻的，因此这一环节对于我们是否能够制作具有视觉吸引力和清晰表达的图表至关重要。当然，这个过程我们也要由浅入深、循序渐进地完成。针对没有图表设计和颜色基础的读者，我们会在开始时介绍使用颜色的基本原理和技巧。

❶ 了解色彩的规律

我们人类的眼睛可以分辨的色彩可以说无穷无尽，能够在屏幕上显示的色彩也成千上万，但无论我们能看到多少种色彩，实际上都是由三个颜色的光交映混合而成的，也就是我们所说的"光谱三原色",这是针对设备的成像原理而说的。而我们现在要讨论的色彩搭配理论知识是建立在"物理三原色"的基础上的,这是我们分析和推理色彩结构的起点(参见附图2-1)。

红、黄、蓝三原色相互独立而又密切相关,它们可以相互混合、过渡。我们将这三个颜色及它们之间的渐变称为色相环(参见附图2-2)。色相环包含所有可能的颜色,但仅限于颜色的基本属性。这个色相环是我们日后进行科研论文配图中的颜色选择和搭配的重要参考工具和样本。

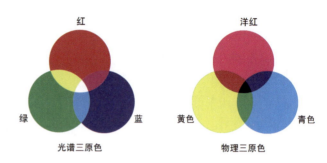

附图2-1　色彩的三原色

附图2-2　色相环的形成

色相环上的每一个色相都有两个发展趋势:一个是明暗,逐渐变亮成为白色或逐渐变暗成为黑色;另一个是纯度(也称饱和度),就是逐渐褪色变成灰色。这两个属性我们可以通过Photoshop里的"色相/饱和度"工具来体会(参见附图2-3)。这样,我们就得到了一个球状立体的色谱,我们把它称为"色立体"(参见附图2-4)。

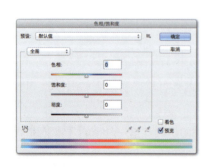 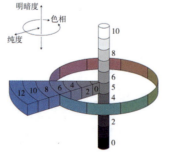 

附图2-3　Photoshop里的"色相/饱和度"工具　　　　附图2-4　色立体

除了最终的色彩立体,整个的色彩体系结构是很容易掌握的。而掌握色彩立体的诀窍,就是以色相环为基础,所有的颜色向圆心发展的过程中经历纯度的逐渐减弱,也就是逐渐褪色变成灰色;向上发展逐渐增加明度变成白色,向下发展逐渐减少明度变成黑色。由于圆心的色彩已经完全褪去,所以成为白色到黑色的渐变,我们把白色、黑色及它们之间过渡的各种灰色统称为"无彩色"。

❷ **控制色调**

需要明确一个观点：配图的本质不在于添加颜色，而在于控制颜色。具体来说，在一个图表中不是颜色越多越好看，这是初学者最容易犯的错误。因为颜色越多，往往会导致视觉混乱，不容易给读者留下深刻的印象。因此，在学习绘制图表和进行配色时最关键的是学会掌握色调。色调的概念是使色彩在视觉上形成一致性，无论内容多么丰富多变，我们都应该将它们限制在一个特定的色彩范围内，以保持整个图表风格的一致性。只要能够做到这一点，我们的图表绘制和配色就成功了一半，因此色调的理念非常重要。

如果我们想在科研论文图表的配套中使用不同的颜色，可以考虑以下方法。

方法一：明度或纯度的调整。我们可以选择一种基础颜色，然后通过调整它的明度（变亮或变暗）或纯度（饱和度）来创建不同的配色方案。例如，从一种蓝色开始，可以创建深蓝、浅蓝、中等蓝等不同的色调来区分不同的数据集或元素。这种方法保持了色彩的一致性，同时为图表提供了更多的视觉变化（如附图2-5所示）。

方法二：邻近色或相似色的使用。邻近色或相似色都是针对色环而言的，顾名思义，就是在色环上邻近的或相似的颜色（如附图2-6所示）。

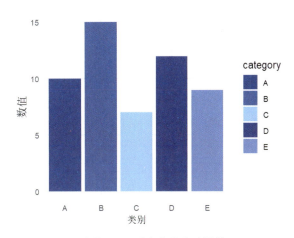

附图2-5 明度或纯度的调整

- 邻近色一般在色环上挨得比较近，因此色彩的差异比较细微。
- 相似色相对来说远一点，只要不超过90度都可以，色彩差异比邻近色大一些。由于在色环上的位置彼此接近，所以这些颜色看上去比较相像。

附图2-6 色环的邻近色和相似色

这意味着选择色环上接近或相似的颜色来进行配色。例如，我们可以选择蓝色和绿色，它们在色环上是相邻的，以表示不同的数据集或元素（如附图2-7所示）。

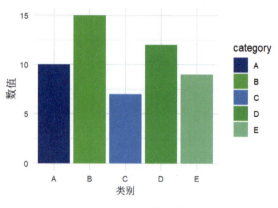

附图2-7 邻近色或相似色

附录2.3 字体和字号

在科研论文图表中，通常需要遵循一定的字体和字号规范，以确保图表的一致性和可读性。以下是一些常见的字体和字号规范，读者可以根据需要进行调整。

❶ **主标题（图表标题）**

主标题通常使用粗体字，字号一般为14号或更大，以突出图表的主题。示例如下。

- 主标题：14号粗体无衬线字体。

坐标轴标签：坐标轴标签包括X轴标签和Y轴标签，字号通常为12号，使用无衬线字体，以确保标签的清晰可读。示例如下。

- X轴标签：12号无衬线字体。
- Y轴标签：12号无衬线字体。

❷ **刻度标签**

刻度标签是坐标轴上的数字或标记，字号通常为10号，使用无衬线字体，以清晰表示数值。示例如下。

- 刻度标签：10号无衬线字体。

❸ **图例**

图例包括图表中不同元素的标签，字号通常为12号，使用无衬线字体，以区分不同的元素。示例如下。

- 图例文本：12号无衬线字体。
- 图例标题：12号无衬线字体。

❹ **数据标注**

如果图表中需要添加数据标注，字号通常应该比刻度标签稍大，以确保数据标注的可读性。示例如下。

- 数据标注：通常与刻度标签相近，根据需要可以略大于刻度标签。

请注意，具体的字体和字号规范可能会根据所投稿的期刊或会议的要求而有所不同。建议在创建图表时查看相关的投稿指南，以确保符合期刊或会议的字体和字号规定。

附图2-8所示的是一个带有图例的柱状图，可根据科研论文的字体和字号规范设置字体和字号。

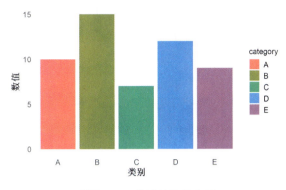

附图 2-8　带图例的柱状图

附录2.4　标注清晰

图表上的每一个元素都需要清晰标注,以确保自解释性。包括标题、轴标签、图例等,都应当明确表示。带有清晰标注的柱状图如附图2-9所示。

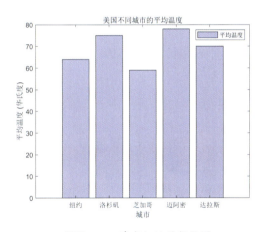

附图 2-9　清晰标注的柱状图

附录2.5　确保分辨率

在科研论文中,绘制图表时,确保图表的分辨率足够是至关重要的。适当的图表分辨率可以确保图表清晰可见,不失真,并有助于有效传达信息。以下是确保图表分辨率足够的一些建议。

（1）选择适当的输出格式：在生成图表时,选择适当的输出格式,例如矢量格式（如SVG、PDF）或高分辨率位图格式（如PNG、TIFF）。矢量格式在不损失质量的情况下可以缩放,而高分辨率位图格式适用于打印和在线展示。

（2）设置图表尺寸：在创建图表时,考虑所需的最终尺寸。确定图表的宽度和高度,以便它在论文中的位置占据适当的空间。通常,图表的尺寸应与论文的列宽或页面布局相匹配。

（3）选择合适的分辨率：确保图表的分辨率足够高,以在打印或在线查看时保持清晰度。通常,图表的分辨率应为最好在300~600 dpi（每英寸点数）或更高，以确保打印质量。

（4）避免过度缩放：尽量避免在后续处理中过度缩放图表，因为这可能导致失真。在创建图表时，尽量选择合适的尺寸和分辨率。

（5）使用矢量图形元素：对于线条、文本和图形元素，使用矢量图形格式可以确保它们在不同分辨率下保持清晰。矢量图形可以缩放而不失真。

（6）注意文本大小：文本应具有足够大的字号，以便在不同媒体和打印条件下易于阅读。确保文本在缩小或放大时仍然清晰可辨。

通过以上建议，我们可以创建高分辨率、布局规整的科研论文图表，以确保它们在阅读和打印时具有出色的效果。

附录2.6 风格一致

在科研论文中，确保图表的风格一致性是至关重要的，因为一致的图表风格可以提高论文的可读性和专业性。以下是一些建议，以确保图表风格一致。

（1）使用相似的颜色方案：在论文中使用相似的颜色方案，确保不同图表中的颜色调色一致。这有助于读者更容易理解和比较不同图表之间的信息。

（2）保持统一的字体和字号：选择一种清晰的字体，并在所有图表中使用相同的字体和字号。字体应该易于阅读，并与文本的字体一致。

（3）相似的图表元素：保持图表元素的一致性，如坐标轴的标签、刻度线、图例和标记点。这有助于读者更容易理解图表。

（4）相似的线型和标记：如果图表中包含线条或数据点，确保在不同图表中使用相似的线型和标记，以便区分不同的数据系列。

（5）相似的背景和边框：如果使用背景色或边框，请确保在所有图表中保持一致。背景和边框应与论文的整体风格协调。

（6）统一的图表标题和标签：使用一致的图表标题和标签格式。这包括图表标题、坐标轴标签、图例标题等。

（7）相似的图表排列方式：如果在论文中显示多个图表，尝试保持它们的排列方式一致。这可以包括图表的大小、位置和间距。

遵循这些原则，我们可以确保在科研论文中的图表具有一致的风格，有助于提高论文的可视化效果和可读性，同时确保专业性。